华夏衣裳

汉服制作实例教程

安洋 蓝野 编著

人民邮电出版社

北京

图书在版编目（CIP）数据

华夏衣裳：汉服制作实例教程 / 安洋，蓝野编著
. -- 北京：人民邮电出版社，2024.1
ISBN 978-7-115-62429-1

Ⅰ. ①华… Ⅱ. ①安… ②蓝… Ⅲ. ①汉族－民族服
装－服装设计－教材 Ⅳ. ①TS941.742.811

中国国家版本馆CIP数据核字(2024)第003469号

内 容 提 要

这是一本汉服制作教程。本书首先介绍了量体、画图、钉扣、熨烫、面料等汉服制作基础知识，然后分别展示了秦汉时期、魏晋时期、唐代、宋代、明代和清代典型服装的制作方法，最后展示了名画复原服装和仙侠玄幻风角色服装的制作方法。本书内容严谨细致，既提供了服装制作过程的实拍图，又提供了制版图，还展示了服装上身效果。

本书适合汉服爱好者、汉服制作从业者、传统文化爱好者学习和参考。

◆ 编　著　安　洋　蓝　野
　　责任编辑　赵　迟
　　责任印制　马振武

◆ 人民邮电出版社出版发行　北京市丰台区成寿寺路 11 号
　　邮编　100164　电子邮件　315@ptpress.com.cn
　　网址　https://www.ptpress.com.cn
　　北京宝隆世纪印刷有限公司印刷

◆ 开本：787×1092　1/16
　　印张：19.5　　　　　　　　　　2024 年 1 月第 1 版
　　字数：479 千字　　　　　　　2024 年 1 月北京第 1 次印刷

定价：149.00 元

读者服务热线：**(010)81055410**　印装质量热线：**(010)81055316**
反盗版热线：**(010)81055315**
广告经营许可证：京东市监广登字 20170147 号

前　言

　　汉服源自黄帝制冕服，定型于周朝，并在汉朝形成完备的冠服体系。随着时代的变迁，汉服在不同的历史时期又吸收了不同的元素，形成了璀璨纷呈的华夏衣裳文化。汉服作为中国具有代表性的传统服装形式，一直是中华民族传统文化的重要载体。我们需要树立正确的汉服文化传承观，深入挖掘汉服文化中符合当代审美的部分，运用现代技术手段和设计制作方法，传达汉服的艺术风格和高雅品位，进一步实现汉服的创新传承。

　　在本书的准备过程中，我一直在思考以什么方式去完成它。很多人推崇汉服复原，在我看来没有绝对的复原，所有的复原都是相对的。我们能做的是将这些宝贵的文化遗产传承下去，并与时俱进，让其焕发新光彩。本书在不违背服装形制要求的基础上，在细节处理方面借鉴了一些现代服装裁剪及制作手法。同时，为了满足中国传统服饰在当下的需求及丰富本书内容，书中安排了名画复原服装、仙侠玄幻风服装的篇章。

　　近年来，我们团队一直深耕于汉服文化的传承与发扬。团队每年都会举办中国传统服饰文化发布会，我们设计制作的传统服饰出现在中央电视台、北京卫视、湖南卫视、大唐不夜城等多个平台。看到越来越多的人热爱汉服，越来越多的平台重视中国传统文化，我感到非常高兴。这其实是民族自信、文化自信的有力体现。"着我汉家衣裳，兴我礼仪之邦。"我们何其有幸生于此华夏盛世。

　　最后，对所有为本书的出版辛苦付出的人表示感谢。

安洋

2023 年 10 月

目录

第一章

汉服制作基础知识

常用工具和材料介绍

手工针: 用来将扣子、装饰物等缝到服装上,以及缝合缝纫机不便于缝合的位置。

珠针: 通常起到临时固定的作用。

缝纫机针: 分为多种型号,一般配合缝纫机使用。

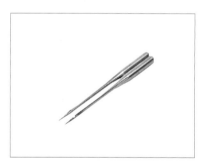

拷边机针: 分为多种型号,一般配合拷边机使用。

棉线: 缝纫机缝合及手工缝合时均可使用。

涤纶线: 拷边机进行锁边的常用线。

裁布剪刀: 用来裁剪布料。

纱剪: 用来剪线头、打剪口。

拆刀: 用来拆除缝合线等。

镊子： 用来给机器穿线、翻布、处理一些边角细节。

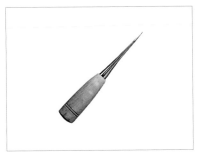

锥子： 用来钻眼、翻布等。

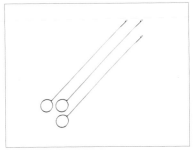

翻带器： 用来翻带子。当没有翻带器的时候，可以用筷子、毛衣针代替。

直尺： 用于测量和辅助画线。

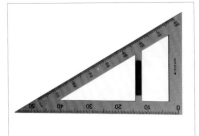

三角尺： 用于测量和辅助画线，还可用来取直角。

皮尺： 一般在量体时使用。

包边器： 用来辅助校准包边条，并对衣服进行包边，一般安装在缝纫机上使用。

包边条： 用来对衣服进行包边，有的包边条需要用包边器辅助包边。

顶针： 手工缝纫时用它来顶针尾，可以起到保护手指的作用。

无纺衬： 分为单面胶衬和双面胶衬。单面胶衬一般将有胶粒的一面粘在布料上；双面胶衬两面都有胶，可将两块布料粘在一起。

有纺衬： 又称布衬，制作毛呢面料服装时较为常用。

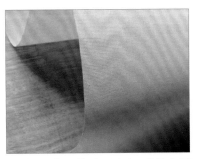

硬衬： 制作服装时，用于一些较为硬挺的位置（如裙腰等）。

9

画粉： 裁剪衣服时用来画线。

水消记号笔： 可以用来为布料画线。遇水笔迹就会消失。

织带花边： 可以用在领缘、袖缘等位置，起到装饰作用。

背胶绣片： 可以作为衣服上的装饰物，一般为各种刺绣图案，单面有胶，可以粘贴在布料上，起到装饰作用。

扣子： 一般有子母扣、盘扣等，起到固定作用。

装饰辅料： 例如珍珠、水晶、玉石等，缝在衣服上起到装饰作用。

缝纫机： 用于缝合面料，是制作服装必不可少的机器，一般分为家用和工业用两种。古代制衣皆为手工，但现代制作服装多采用缝纫机。用缝纫机缝制的面料更加牢固，线也缝合得更为整齐。使用家用缝纫机就可以满足制作需要。

拷边机： 用来为布料锁边，一般分为家用和工业用两种。不锁边的布料会出现脱丝等现象，也会显得比较廉价。在没有拷边机的情况下，可以用蜡烛燎布边，起到防脱丝的作用，但用拷边机的效果更为美观。拷边机一般分为三线型、四线型、五线型。使用家用三线型拷边机就可以满足制作需要。

电熨斗： 用来整烫服装、熨平布料、粘胶衬等。

服装制作前的准备工作

量体方法

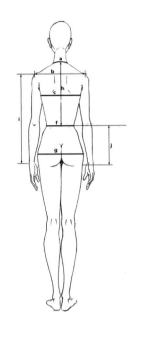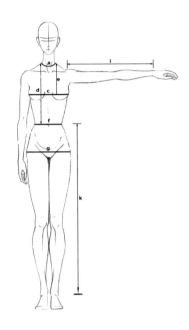

a. 领围
b. 肩宽
c. 胸围
d. 前上身长
e. 胸肩距
f. 腰围
g. 臀围
h. 背长
i. 袖长
j. 立裆
k. 裤长

量体注意事项

    量体顺序一般是先横后直、由上而下。要求被测量者姿势自然，不做挺胸、弯腰等动作，保持端正。测量时皮尺要保持水平，并以能转动为宜。量体前应观察被测量者的体形是否正常，如果有驼背、挺胸、凸肚等情况，要根据实际情况做调整。测量上衣的顺序是领围、肩宽、胸围、前上身长、胸肩距、腰围、臀围、背长、袖长。测量裤子的顺序是腰围、臀围、立裆、裤长。汉服本身比较宽松，可根据需求减少测量项目。

测量方法

    a. 领围：绕脖子一圈的围度，适当放量，不要太紧。制作传统汉服时一般无须测量领围。

    b. 肩宽：从左肩最宽处量至右肩最宽处，或从左肩端点量至右肩端点后，女装肩宽加放 1～2cm。

    c. 胸围：在胸高最丰满处水平围量一圈，皮尺松度要适宜，以能转动为宜。

    d. 前上身长：从肩部到腰部的距离，当前后衣身长度有差距的时候，除了测量背长还要测量前上身长。在前上身长的基础上放量。

    e. 胸肩距：从肩部到胸部最高点的位置。制作抹胸等类型的服装时一般需要测量胸肩距，因为汉服放量较大，所以这个位置的数据对整体的影响非常小。

    f. 腰围：可让被测量者放松腰带，水平围量一周。

    g. 臀围：在同一水平线绕臀一圈的围度，适当放量。传统汉服比较宽大，一般不需要测量臀围。裤子的制作可根据需要考虑测量臀围。

    h. 背长：从后颈点量至腰部最细处，汉服的制作可根据需求顺着背长向下放量。

i. 袖长：从肩端点往下量至虎口处减 2 ～ 3cm。汉服有些形制的袖长反而会放量，根据需求一般加放 40 ～ 60cm。

j. 立裆：腰至臀下的距离。制作传统汉服的裤子时，立裆宁长勿短。

k. 裤长：腰至脚踝的距离。同时也是齐腰襦裙长度的参考数据。

关于传统汉服的袖长问题

传统汉服的袖长放量一般分为三种类型。中衣、劳作服类型的袖子至少达到手腕位置，放量可以达到过中指指尖一点儿。常服类型的袖子至少达到中指指尖，但长度不宜超过中指指尖 20cm。礼服类型的袖子通常超过中指指尖 20cm，如大袄、盘领袍，袖长超过 2m 也不足为奇，同时袖子比较宽大，根据面料不同呈现飘逸或端庄大气的效果。

中衣袖子放量　　　　　常服袖子放量（以短袄为例）　　　　　礼服袖子放量（以大袄为例）

画图方法与裁剪注意事项

传统汉服的画图相对于现代工艺服装是比较简单的，因为一般不会考虑省道和修身等问题。在画图的时候，先要明确衣身长宽比例，在此基础上进行细节的处理。下面以明制短袄为例进行画图演示。为了详细讲解画图方式，采用衣身整体平铺的方式，便于大家掌握每一个细节。为方便理解，此图为净版尺寸。后面的案例中展示的版型尺寸均含有缝头。

画图方法

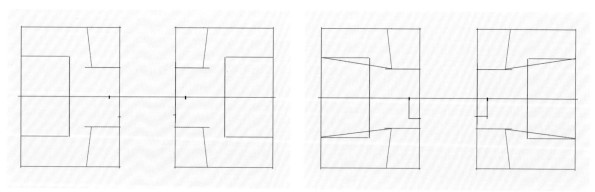

1. 画直线，确定衣长、袖根位置、领子的宽度和高度、袖子的长度和宽度等。注意两侧领子的高度是不同的。

2. 画连接线，确定领子的位置，以及衣身与袖子的比例关系。

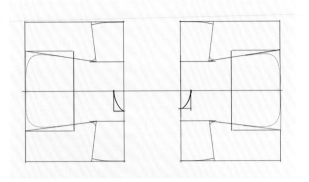
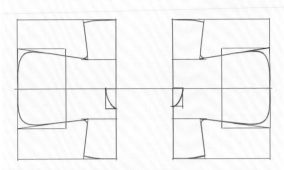

3. 在袖根、袖口、领子、底摆等位置画弧线，确定衣身的
基本样式。

4. 画出裁剪区域（即图中红线描画区域）。

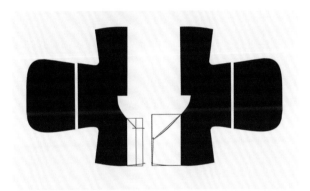
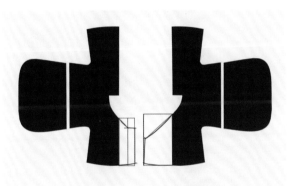

5. 为了明确裁剪后的衣身效果，用红色块表示已裁剪区域。
确定两侧的侧衣身长宽比例，并确定侧衣身的细节，具体
尺寸如图所示。

6. 画出侧衣身的裁剪区域（即图中红线描画区域）。

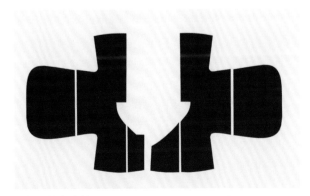

裁剪后的衣身效果。

衣身最终所呈现的效果。在后续案例中，会对领缘的尺寸
和缝纫工艺做具体讲解，在这里不做赘述。

裁剪注意事项

1. 一般在布料的反面画图，但对于初学者来说，在画图的时候两侧衣身容易混淆，因此也可以用水消记号笔在布料的正面画图，这样不容易出错。

2. 布料一般会分经纬方向。判断布料经纬方向的方法：以幅宽1.5m的布料为例，幅宽是布料的纬线方向，可以大幅度延长的是布料的经线方向。在大多数情况下，衣身的长度采用的是经线方向，如下图所示。但这不是绝对的。尤其是一些特殊的印花布料可能会打破这种规律。

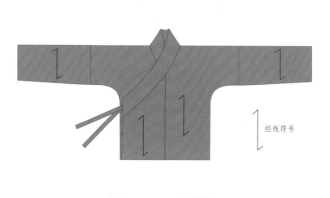

经线符号

经线方向　　　　纬线方向

3. 布料的边缘有针孔，针孔向下为正面，针孔向上为反面。也可以通过观察来区分，一般可以通过质感判断出正面。但有些布料不好判断，其实布料反面并不是绝对不能作为衣服的正面使用的，在表现一些特殊质感的服装时也可以用布料反面当衣身正面，关键是要通过观察确定哪种质感才是自己想要的。

认识服装的袖形及服装部件

传统汉服袖形

汉服的衣袖通常称窄袖、大袖，偶尔也称小袖、宽袖。便服、常服多"窄袖"，礼服多"大袖"。虽然各朝代流行袖形不同，但大多数袖形都是同时存在、共同发展的，只是形状略有差别而已。

1. 直袖： 分为窄直袖和宽直袖。前者的袖宽取值从上身的1/2向外延伸到袖口；后者的袖宽取值从腰部开始向外延伸到袖口。

2. 箭袖： 箭袖源自北方民族的服饰。箭袖是一种袖口窄而袖根较宽的袖形，后来清代的马蹄袖就来源于箭袖。

3. 短袖： 多见于汉服的半臂衫中。

4. 琵琶袖： 琵琶袖是汉服的一种袖形，多见于明制汉服。其造型特点为大袖小口，袖根较窄，形状似琵琶，故名琵琶袖。

5. 广袖： 广袖非常大，所以也叫"大袖"。这种袖子一般出现在汉服的礼服中，汉服的常服很少用广袖。

6. 垂胡袖： 袖管宽大，但袖口收窄，常用于汉服中的曲裾和直裾形制。

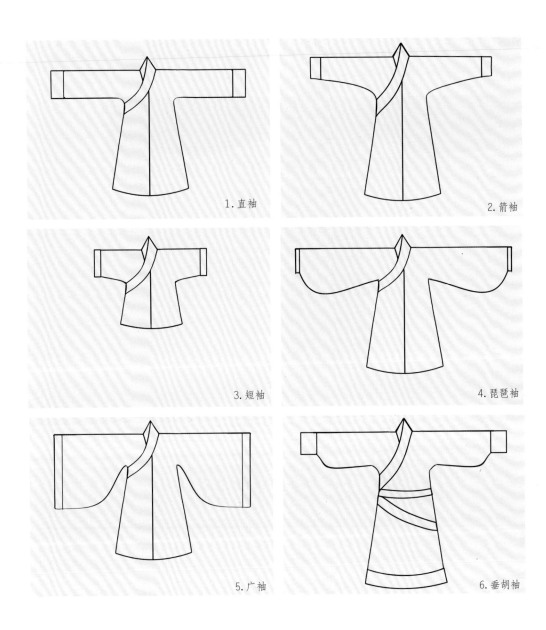

1. 直袖　　　　2. 箭袖

3. 短袖　　　　4. 琵琶袖

5. 广袖　　　　6. 垂胡袖

各个历史时期服装的袖形在具有相似性的
同时又具有各自的特点。下面对各个历史时期
的袖形进行归纳，方便大家了解每个历史时期
袖形的特点。

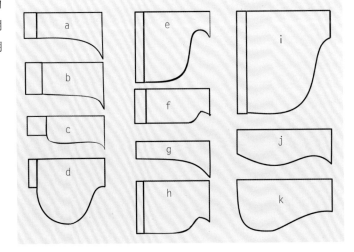

a. 商周　　e. 魏晋　　i. 宋代
b. 战国　　f. 南北朝　　j. 元代
c. 汉代　　g. 隋唐　　k. 明代
d. 汉代　　h. 五代

服装部件名称图解

下面以直裾深衣为例，介绍服装各部件的名称。

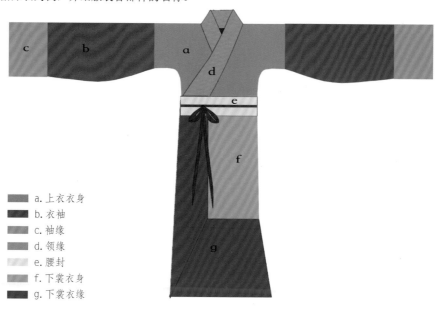

- a. 上衣衣身
- b. 衣袖
- c. 袖缘
- d. 领缘
- e. 腰封
- f. 下裳衣身
- g. 下裳衣缘

缝制方法介绍

手针缝纫法

手针缝纫历史悠久，与缝纫机缝纫相比，手针缝纫在细节处理方面具有无可替代的作用。缝纫机的优势是速度和针脚的均匀。在没有缝纫机的情况下，手针可以完成整件衣服的缝制，但耗时非常长，对手针缝制操作者的技艺要求也比较高。下面介绍几种常用的手针缝纫方法。

平针法

这是一种较常用、较简单的手缝方法，通常用来做一些不需要很牢固的缝合及打褶等。

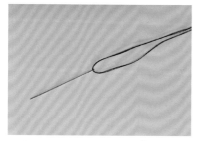

1. 给针穿线。

2. 在线尾处打结。

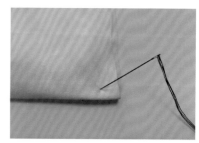

3. 将针穿过布料。

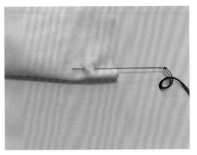

4. 间隔一段距离将针穿出。

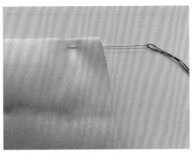

5. 针在布料反面的效果。

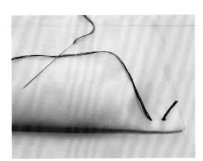

6. 将线穿过布料的效果。

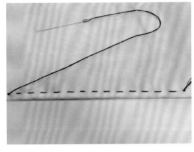

7. 以此方式保持均等间距继续水平缝合，缝好后将线打结固定。

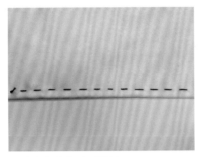

8. 缝合完成的正面效果。

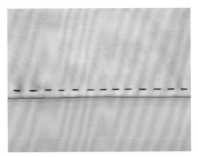

9. 缝合完成的反面效果。

倒针法

这是一种较为牢固的手缝方式，可以将其理解为进二回一，针脚细密结实，与缝纫机的缝合方式较为类似。

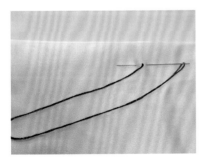

1. 入针的正面效果。

2. 入针的反面效果。

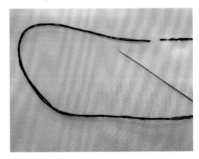

3. 缝合效果。

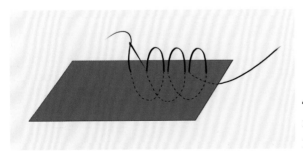

4. 线迹的走向如图所示。虚线表示线迹在布料反面的走向。该图可以让我们更好地理解进二回一这种缝合方式。

藏针法

这是一种非常实用的手缝方法，能够隐匿线迹，常用于不易在反面缝合的区域，如衣襟、底摆位置的纤边。

1. 对要缝合的位置进行折叠。

2. 在上下两层分别挑两至三根布丝进行缝合。

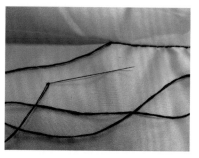

3. 缝合效果如图所示。如果线与布料的颜色一致，那么我们基本看不到线迹。

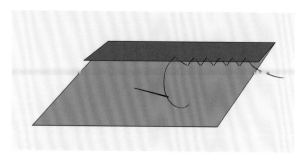

4. 线迹走向如图所示。虚线表示被遮盖区域的线迹。

三角针法

又称千鸟缝、花绷。用来固定衣服的袖口边、底边等，从左向右运针，正面不露线迹，反面线迹呈交叉状态。

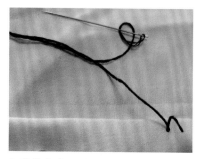

1. 缝线方式。

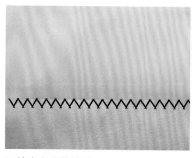

2. 缝合完成的效果。

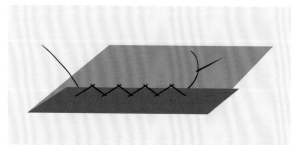

3. 线迹走向。

缝纫机使用方法

缝纫机走线1

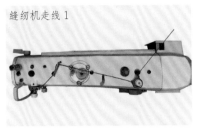

缝纫机走线2

1. 这是一台工业缝纫机，家用缝纫机的走线方式与工业缝纫机基本一致，只是工业缝纫机有台板，比较稳固，而家用缝纫机需要放在平稳的位置才便于操作。

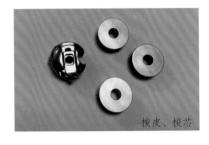

梭皮、梭芯

梭皮与梭芯组合

2. 缝纫机的缝合需要机针的顶线与底线相互配合，首先用缝纫机上的打线器对梭芯进行绕线（缝纫机型号不同，打线器位置也不同，在这里不做赘述），然后将梭芯放在梭皮中。

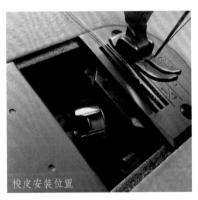

梭皮安装位置

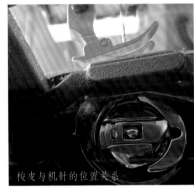

梭皮与机针的位置关系

3. 将安装好梭芯的梭皮放在卡槽位置。梭皮与机针的位置关系。

4. 给机针穿线，通过曲柄带动皮带轮旋转，梭芯中的底线就会被带上来。

5. 将压脚放下，固定好布的位置，踩电动踏板就可以缝合了。在缝合开始和结束的位置一般会倒针加固。每台缝纫机上都有专门用来倒针的装置，需要倒针时轻按倒针装置即可。

缝纫机的压脚有多种样式，但很多压脚只有在使用特殊布料和制作工艺时才使用。图中是常用的三种压脚，从左至右分别是常规压脚、隐形拉链压脚、包边压脚。

在制作服装的过程中，经常需要用包边条对布料进行包边，有些包边条可以直接缝合，而有些包边条需要配合包边器进行包边。缝纫机上有专门固定包边器的位置。固定好后，将包边条按包边器路径穿过包边器，与布料缝合在一起就能达到很好的包边效果。

缝纫机基本缝线、打褶工艺

缝纫机基本缝线工艺

正面　反面

平缝

平缝是一种基础的机缝方法。平缝就是使上下两层布料保持平衡，松紧一致，用左手稍拉下层、右手稍推上层的手法进行缝线。

书中的缝合宽度指缝合线与布料边缘之间的距离。

1. 将两块布料正面相对。

2. 对布料进行缝合，缝合宽度约 1cm。

3. 缝好之后将布料平铺开反面效果。

4. 缝好之后将布料平铺开正面效果。

分开缝

分开缝是指在平缝的基础上再在两块布料上分别缉缝一道线，目的是使缝合处更加平整、伏贴。

1. 将两块布料正面相对。

2. 对两块布料进行缝合，缝合宽度约 1cm。

3. 将布料平铺开，在缝合线左右两侧再各缝一道线，缝合宽度约 0.4cm。

4. 缝合完成的反面效果。

贴包缝

贴包缝又称包光缝、卷边缝，多用于服装的袖口、下摆及脚口贴边。

1. 将布料朝反面折 0.7cm。

2. 再将布料朝反面折一次，折叠宽度可以根据需要确定。

3. 在距离第二次折叠的边缘 0.1～0.2cm 处缝线。

4. 缝合完成的正面效果。

座倒缝

座倒缝是一种基础的倒缝方法。座倒缝可以正面缝线，有单线和双线两种。下面以单线座倒缝为例进行讲解。

1. 将两块布料正面相对。

2. 沿边缘平缝，缝合宽度约 1cm。

3. 将缝头折向一侧。在距离缝合线约 0.8cm 处进行缝线。

4. 正面的效果。

双线座倒缝的正面效果。

双线座倒缝的反面效果。

骑缝

骑缝也叫咬缝。骑缝的正面缝线容易起皱，可以一面推送上层，一面拉紧下层，保证第一道缝线不外露，达到整齐美观的效果。

1. 将大块布料的反面与小块布料的正面相对。

2. 沿边缘平缝一道线，缝合宽度为 0.5～1cm。

3. 将缝好的布料展开，大块布料正面朝上。将缝头朝小块布料折倒，将小块布料的边缘朝小块布料反面折叠。

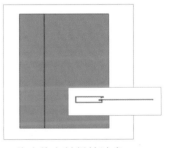

4. 将小块布料折转过来，盖住正面的第一道缝线，沿边缘再缝一道线。

来去缝

来去缝也称正反缝、滚筒缝。两边不必拷边。

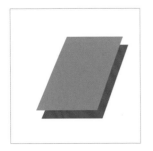

1. 将两块布料的反面相对。

2. 用平缝的方法在距离布料边缘 0.3cm 的位置缝第一道线，修齐毛边。

3. 将两块布料正面相对。

4. 缝第二道线，缝合宽度为 0.5～0.7cm。

5. 缝合完成的反面效果。

6. 缝合完成的正面效果。

内包缝

内包缝也叫裹缝。

1. 为了便于理解，此处选用大小两块布料进行讲解。将两块布料正面相对（大块布料在上），使两块布料之间形成错位关系，错位宽度为 0.7cm。

2. 重叠后的效果。

3. 对小块布料多出的一截进行折叠，盖住大块布料。

4. 在距离边缘 0.7cm 处缝一道线。

5. 打开。

6. 将缝头朝有毛边的一侧折倒，也就是将有毛边的缝头遮盖好。

7. 在大块布料上缉 0.5cm 的明线，并使明线缉在小块布料缝头的边缘。

8. 翻到正面的效果。

外包缝

外包缝和内包缝相似，两者的缝合方法基本一致。内包缝的正面只有一道缝线，而外包缝的正面有两道缝线，第一道和第二道缝线都在正面。

1. 将两块布料反面相对。

2. 将下层包转 0.7cm。

3. 沿布料边缘缝一道线。

4. 缝合完成的效果。

5. 将缝头朝上层布料正面折倒，沿边缝两道线。两道线之间的宽度可视样式来定，一般为 0.8 ～ 1cm。

6. 缝合完成的正面效果。

7. 缝合完成的反面效果。

缝纫机打褶工艺

正面　反面

碎褶

碎褶的特点是褶皱细密，一般作为领口、袖口及裙摆的装饰褶皱。

1. 准备一块布料。

2. 在布料上缝两道线，将布料两侧的线留长一些，不要回针。

3. 拉住两根底线将布料抽紧，同时将其调整均匀。

还有一种方法：边平缝边推出褶皱，需要具备一定的缝纫技术才能推出均匀且自然的褶皱。

顺褶

顺褶是做褶裙时一种常用的打褶手法，褶皱均匀、伏贴。

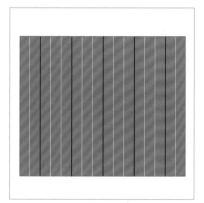

1. 确定褶子的大小，并画上记号。

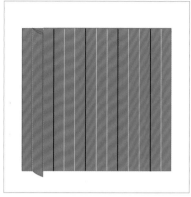

2. 打一个褶的效果。

3. 继续进行打褶。

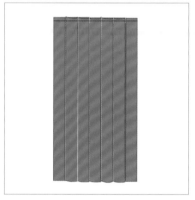

4. 用平缝的方法缝合。

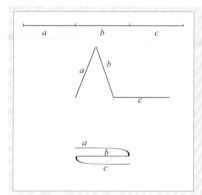

以一个褶为例，打褶方式如图所示，a、b、c 尺寸相同，将 a 和 b 进行折叠，并压在 c 上形成一个褶。

工字褶

工字褶是做裙子时一种均衡的打褶手法，制作抹胸的时候也会使用这种手法。具体的应用方式在后面会做具体讲解。

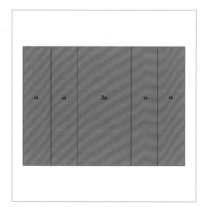

1. 确定褶子的大小并做好记号。

2. 对位于左右两侧的均等两份分别进行折叠。

3. 单侧折叠好后压在中间位置。

4. 双侧折叠好的效果。

5. 用缝纫机进行缝合。

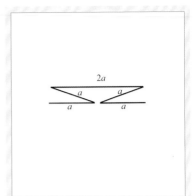

工字褶的折叠方式如图所示，形成工字形效果。

钉扣方法

　　纽扣是可以把衣服等扣起来的小物件，最初是用来控制衣服门襟的。讲述礼仪的《周礼》《礼记》等书中出现了"纽"字，"纽"是相互交结的纽结，也就是扣结。据说在春秋战国时期，就有对纽扣的使用。下面对几种常用扣子的钉扣方法做讲解。

两孔扣

1. 给针穿线，在线尾处打结后，将针穿过布料。

2. 背面效果。

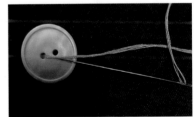

3. 将针从一个扣孔穿出。

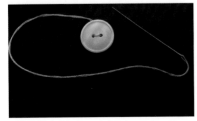

4. 将针穿入另一个扣孔并穿过布料，然后从第一次穿线的扣孔穿出。如此反复操作 5 次左右即可。

5. 将扣子上提，露出缝线位置，在扣子下方绕线约 5 次后收紧并打结。

6. 缝合完成的效果。

四孔扣

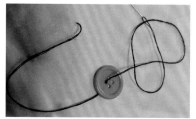

1. 将针线穿好后,将针穿过布料,再将针穿过一个扣孔。

2. 将针穿入第二个扣孔并穿过布料。

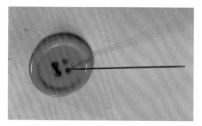

3. 另外两个扣孔用同样的方式缝合。

4. 将线在扣子下方多绕几次后打结固定。

5. 扣子缝合完成的效果。

另一种缝合方式为交叉缝合,如图所示,除缝线角度之外,其他操作方式与案例一致。

按扣

1. 穿过按扣的第一个孔,对按扣与布料进行缝合。

2. 穿过按扣的第二个孔,对按扣与布料进行缝合。

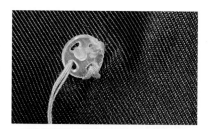

3. 穿过按扣的第三个孔,对按扣与布料进行缝合。

4. 穿过按扣的第四个孔,对按扣与布料进行缝合,并将线打结固定。

5. 用同样的方式缝合另外一侧的按扣。

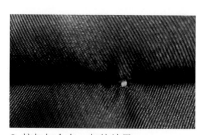

6. 按扣扣合在一起的效果。

蘑菇扣

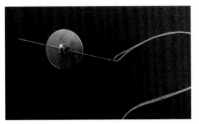

1. 将针线穿好后，将针穿过扣孔。

2. 将扣子与布料缝合在一起，多次缝合后，在扣子下方绕几次线，之后收紧并打结。

3. 缝合完成的效果。

子母扣

1. 准备好合适的子母扣。

2. 确定扣子的缝合位置。

3. 将其中一侧的扣子与布料缝合在一起。

4. 以同样的方式缝合另一侧的扣子。

5. 扣子扣在一起的效果。

熨烫方法

烫单面胶衬方法

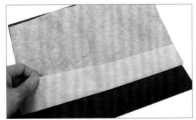

1. 将单面胶衬有胶粒的一面与布料的反面相对。

2. 用电熨斗熨烫胶衬，使胶衬与布料粘在一起。

3. 熨烫完成的效果。

烫双面胶衬方法

1. 将双面胶衬夹在两层布料之间。

2. 在其中一层布料上用电熨斗进行熨烫，使两层布料粘在一起。

3. 熨烫完成的效果。

压倒烫

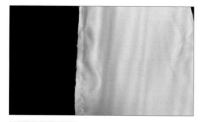

1. 为了便于观察，将黑白两块布料缝在一起，对其进行熨烫。

2. 将缝头朝黑色布料折倒并熨烫平整。

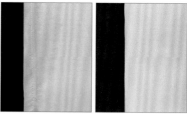

3. 熨烫完成的效果。

分缝烫

1. 将缝头从中间分开。

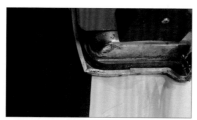

2. 用电熨斗将分开的位置熨烫平整。

3. 熨烫完成的正面效果。

翻折烫

1. 选择一块布料，将其裁剪整齐。

2. 将布料向上折叠后熨烫平整。

3. 熨烫完成的效果。

4. 再次将布料向上折叠并熨烫平整，折叠的宽度略大于第一次折叠的宽度。

5. 熨烫完成的效果。

系带、腰封制作方法

系带制作

    系带一般分为直角系带、斜角系带、尖角系带。系带有单侧封口和双侧封口之分。单侧封口的系带一般可以与衣襟等缝合在一起，起到固定作用。双侧封口的系带可以作为绑带、发带等使用。下面以单侧封口斜角系带为例来讲解系带的制作方法。

a.直角系带 b.斜角系带 c.尖角系带

1. 根据需要准备一块长方形布料。将布料正面相对对折。

2. 用缝纫机进行缝合。

3. 缝合区域。

4. 将边缘修剪整齐。

5. 用翻带工具将系带翻到正面。

6. 用电熨斗将系带熨烫平整。

7. 系带制作完成的效果。

腰封制作

    腰封不仅可以起到系带的固定作用，还对上下衣身的衔接具有装饰性作用。下面对腰封的制作方式进行讲解。

1. 确定腰封所需的尺寸，然后将布料裁剪成长方形，再将布料正面相对对折。

2. 将布料两端分别朝反面折叠1cm，再将上下两层布料缝合在一起。

3. 缝好之后翻到正面。

4. 将准备好的系带夹在腰封两侧并缝好。

5. 缝合区域。

6. 缝好之后用电熨斗将腰封熨烫平整。

面料介绍

　　在等级森严的封建社会，服饰的材质可以反映一个人的社会地位。绫罗绸缎是王公贵族的专属，平民则多穿粗布麻衣。下面对各种面料进行较为具体的介绍。

绫： 绫是一种中国传统丝织物。绫的质地轻薄柔软。早期的绫表面呈叠山形斜纹，"望之如冰凌之理"，故称绫。绫采用斜纹组织或变化斜纹组织。传统花绫一般是斜纹组织为地，上面起单层的暗光织物。按原料分类，绫分为纯桑蚕丝织品、合纤织品和交织品。绫类织物的地纹是各种经面斜纹组织或以经面斜纹组织为主，混用其他组织制成的花素织物，常见的绫类织物品种有花素绫、广绫、交织绫、尼棉绫等。

罗： 罗是一种质地轻薄、丝缕纤细、经丝互相绞缠后呈现椒孔形的丝织品。经纱相互扭绞形成了孔眼，因此在罗类丝织物的表面构成等距或不等距的条状纱孔。罗可以分为素罗和花罗。素罗有二经绞罗、三经绞罗、四经绞罗；花罗有菱纹罗、平纹花罗、二经浮纹罗、三经绞花罗等。罗类织物紧密结实，相当牢固，又有孔眼，透气性好。

丝绸： 丝绸是中国的特产，从西汉起，中国的丝绸不断地运往国外，更开启了世界历史上第一次东西方大规模的商贸交流。在古代，丝绸就是蚕丝织造的纺织品。现代由于纺织品原料的扩展，凡是经线采用了人造或天然长丝纤维织造的纺织品，广义上都可以称为丝绸。而纯桑蚕丝所织造的丝绸，又称"真丝绸"。现代工业丝绸中，很少有百分之百全蚕丝产品。

缎： 缎是一种利用缎纹织成的丝织物。缎类织物俗称缎子，品种很多。缎纹组织中经、纬只有一种以浮长形式布满表面，并遮盖另一种均匀分布的单独组织点，因此织物表面光滑，有光泽。经浮长布满表面的称经缎，纬浮长布满表面的称纬缎。缎类织物是技术最为复杂、织物外观最为绚丽多彩、工艺水平最高的面料品种之一。常见的缎织物有花软缎、素软缎、织锦缎、古香缎等。花软缎、织锦缎、古香缎可以做旗袍、被面、棉袄等，其特点为平滑光亮、质地柔软。古香缎、织锦缎花形繁多、色彩丰富、纹路精细、华彩瑰丽，具有民族风格，多数唐装以此类织物为面料。

雪纺： 雪纺分为真丝雪纺和仿真丝雪纺。仿真丝雪纺成分一般为100%涤纶，质感轻薄、柔软、亲肤，自然垂感好，但由于仿真丝雪纺是纯化纤产品，因此具有不易脱色、不怕暴晒、好打理的优点。真丝雪纺成分是100%桑蚕丝，外观上具有仿真丝雪纺的特点，长期穿着对人的皮肤很好，凉爽透气，吸湿性强，这些是仿真丝雪纺所达不到的。但真丝雪纺也有一些缺点，比如容易变灰变浅、不可以暴晒等，打理起来比较麻烦。

纯棉： 纯棉面料是以棉花为原料，经纺织工艺制成的面料，具有吸湿、保暖、耐热、耐碱、卫生等特点。一般而言，纯棉面料的吸湿性和抗热性较好，而且穿着舒适。由于棉纤维是热和电的不良导体，因此其热传导系数极低，又因棉纤维本身具有多孔性、弹性高的优点，纤维之间能积存大量空气，所以纯棉纤维纺织品具有良好的保暖性。纯棉织品与肌肤接触无刺激，久穿对人体无害。

丝绵： 丝绵以100%桑蚕丝为原料，其全称是"蚕丝绵"。由于蚕的生长过程中不能碰农药等化学药品，因此桑蚕丝不会给人体带来过敏等不良反应，是标准的无污染产品。丝绵具有优良的透气性、吸湿性、排湿性、保暖性。

苎麻： 用纺出的苎麻纱织成的布称苎麻布。苎麻夏布主要品种有本色、本白等，该面料适合用于服装面料、家纺产品等。

丝麻： 丝麻面料是指由真丝和麻混纺而成的面料。丝麻面料比较高档，具有天然麻织物的外观风格，具有挺括的优点。由于其中加入了桑蚕丝，因此透气性较好。其缺点是容易出现色差、缩率不稳定、色牢度较差、需要干洗。

棉麻： 棉麻是指以棉和麻为原材料做成的纺织品。棉麻面料将棉和麻的优点相结合，透气又牢固。棉麻面料可以吸附人体皮肤上的汗水，使人的体温迅速恢复正常，棉麻面料可以让人感觉冬暖夏凉，适合作为贴身衣料使用。

色丁： 色丁是一种面料。色丁的英文名为Satin，也可译为沙丁。其外观与五枚缎相似，密度高于五枚缎。色丁通常有一面是很光滑的，亮度较高，这一面就是它的缎面。色丁主要用于制作各类女装，如女士睡衣、内衣等。该面料流行性广，光泽度和悬垂感好，手感柔软，具有真丝般的效果。

化学纤维面料： 化学纤维面料是近代发展起来的一种新型衣料，种类较多。这里主要是指由化学纤维加工而成的纯纺、混纺或交织物。化纤织物的特性由织成它的化学纤维本身的特性决定。常见的纺织品，如粘胶布、涤纶卡其、锦纶丝袜、腈纶毛线及丙纶地毯等，都是用化学纤维制成的。

织金锦： 织金锦是以金缕或金箔切成的金丝做纬线织成的锦。中国古代丝织物加金的工艺约始于战国，十六国时已能生产织金锦。北方游牧民族酷爱织金锦，北方寒冷少水，自然环境中的色彩较单调，犹如太阳光芒般灿烂的金色能给生活在广漠中的人们带来生机。

　　以上只是一些常见的面料类型，每个类型又包含多种类型的面料。例如化学纤维面料中所分支出的面料种类就有很多。我们在选择面料的时候主要是根据服装所要呈现的质感来选择合适材质的面料。

第二章

秦汉时期服装

窄袖中衣

中衣概述

中衣又称里衣、中单,是汉服的衬衣,一般不外穿。中衣可以搭配礼服,也可以搭配常服,还可以作为居家服装和睡衣。

中衣是穿汉服必备的基本衣物,着礼服时里面一定要加中衣,如同西装外套搭配衬衫一样属于固定搭配。普通的常服最好也搭配中衣穿。中衣的衣身及衣领比外衣更贴身,领缘比外衣稍高。

中衣的面料一般为纯棉、棉麻、雪纺、单色缎等。中衣的颜色多为白色,也可选用黑色等。男士在穿圆领衫时,最好搭配白色的中衣。女士搭配襦裙时,可选择有色(如翠绿色、嫩黄色、桃红色、紫灰色等)的中衣。搭配礼服的中衣可选用大红色。

狭义的中衣是指中衣上衣,广义的中衣包括窄袖中衣、广袖中衣、中裤、中裙等。窄袖中衣的特点是窄袖、交领、白色居多,适合搭配常服。广袖中衣的特点是广袖、交领、白色居多,适合搭配礼服。内衣+中衣+外衣是汉服的正式着装搭配方式。

窄袖中衣制作

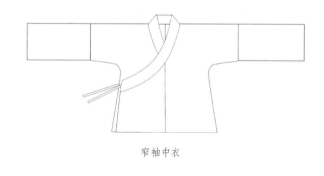

窄袖中衣

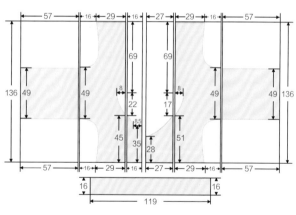

窄袖中衣尺寸

单位:cm

(此款版型尺寸参考身高为165cm。)

面料:棉

正面色彩
反面色彩

步骤 1

① 将左右两侧衣身分别与侧片正面相对并进行缝合。

② 缝合宽度为 1cm。

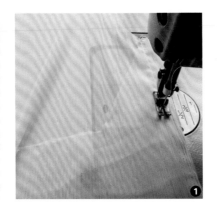

步骤 2

① 对后背中缝进行缝合。

② 将衣身正面相对并进行缝合，缝合宽度为 1cm。

③ 缝好之后，将衣身铺开的效果如图所示。

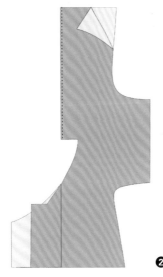

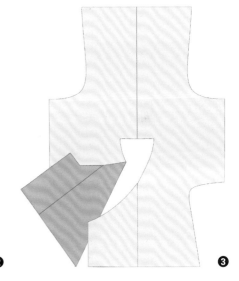

步骤 3

① 将衣袖与衣身正面相对并进行缝合。

② 图中左侧衣袖处展示的是缝好后铺开的效果，右侧衣袖处展示的是缝好后在缝合位置折叠起来的效果。缝合宽度为 1cm。

③ 缝好后衣身铺开的效果。

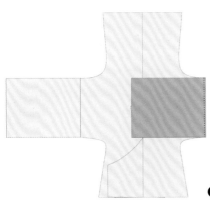

步骤 4

用拷边机对后中缝的缝合处、衣身与侧衣身的缝合处、衣身与衣袖的缝合处进行锁边。

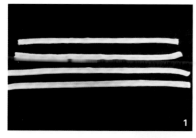

步骤 5

① 缝制 4 条系带备用。

② 将前后衣身正面相对，对侧缝进行缝合。在缝衣身侧缝的同时缝系带。

③ 其中一条系带缝在衣身侧缝反面的左侧衣身处，如图所示。图中红色标注处是右侧衣身侧缝缝系带的位置。

④ 衣身翻至正面的效果如图所示。系带的位置即衣身反面红色标注的位置。

⑤ 用拷边机对衣身侧缝进行锁边。

⑥ 用拷边机对袖口进行锁边。

⑦ 用拷边机对前襟和底摆进行锁边。

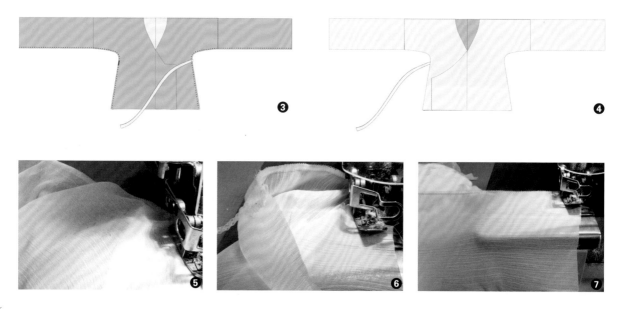

步骤 6

① 将领缘布熨烫平整，为其粘贴胶衬，使其更加硬挺。

② 将领缘布对折并熨烫平整。

③ 在领缘布两端裁出角度。

④ 将领缘布正面相对，并将系带夹在中间进行缝合。

⑤ 缝合宽度为 1cm，如图所示。从图中可以看到缝合的位置及系带的固定位置。

⑥ 领缘缝好后翻至正面的效果如图所示。

⑦ 将领缘熨烫平整，再将两层领缘分别向内折叠 1cm 并进行熨烫。

⑧ 领缘熨烫完成效果如图所示。

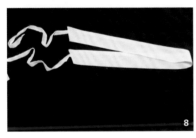

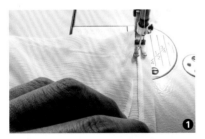

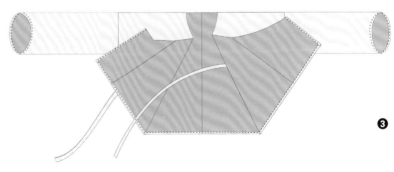

步骤 7

① 将袖口向内折叠 1cm 并进行缝合。

② 将前襟和底摆向内折叠 1cm 并进行缝合。

③ 前襟、底摆及袖口的缝合区域如图所示。

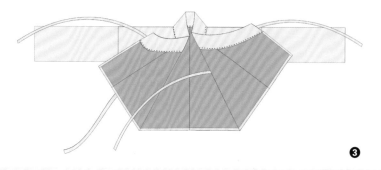

步骤 8

① 将领口夹在领缘布之间进行缝合。

② 缝好之后将衣身熨烫平整。

③ 缝好后领口与领缘之间的结构关系如图所示。

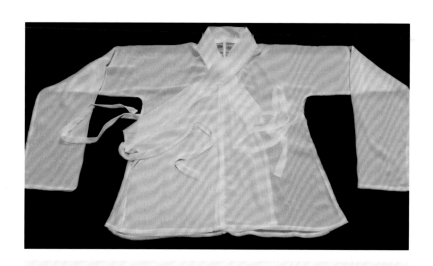

步骤 9

窄袖中衣制作完成后铺平的效果如图所示。

交领直裾袍

直裾概述

直裾（裾是指衣服的大襟），即襜褕，是汉服的一种款式。直裾衣襟在身侧或侧后方，垂直而下，没有缝在衣身上的系带，由腰带（材质为布或皮革）固定。为了方便穿着，在本案例中为直裾袍缝制了系带。汉代以后，随着内衣的改进，盛行于先秦及西汉前期的绕襟曲裾已过时，东汉以后，本着经济胜过美观的原则，直裾袍逐渐普及，成为深衣的主要款式。

直裾袍可分为交领直裾袍、圆领直裾袍、直衿直裾袍。直衿直裾袍即典型的宋代褙子。布幅斜裁称曲裾。直裾、曲裾相间则称杂裾。后面会对部分款式做具体介绍。

交领直裾袍制作

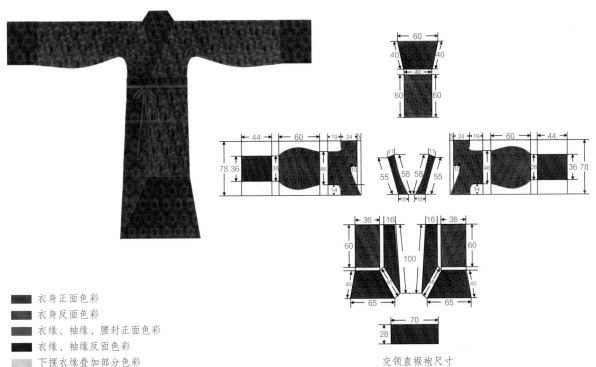

■ 衣身正面色彩
■ 衣身反面色彩
■ 衣缘、袖缘、腰封正面色彩
■ 衣缘、袖缘反面色彩
■ 下摆衣缘叠加部分色彩
■ 衬里正面色彩
■ 衬里反面色彩

交领直裾袍尺寸

单位：cm

（此款版型尺寸参考身高为170cm，衬里布与衣身布尺寸相同。）

面料：醋酸缎　　衬里：仿真丝　　工艺：数码印花

步骤 1

① 对衣身后中缝进行缝合。

② 缝合宽度为 1cm。

步骤 2

① 将衣袖与衣身缝合在一起。

② 图中左侧衣袖处展示的是缝好后铺开的效果，右侧衣袖处展示的是缝好后在缝合位置折叠起来的效果。缝合宽度为 1cm。

③ 缝好后展开的效果。

步骤 3

① 将衣身正面相对，对侧缝进行缝合。

② 缝合宽度为 1cm，如图所示。侧缝的红色标注处为保留的开口位置。

步骤 4

① 将领子正面相对并进行缝合，缝合宽度为 1cm。

② 缝好后展开的效果如图所示。

步骤 5

① 将领子与衣身缝合在一起。

② 领子与衣身的缝合角度如图所示，缝合宽度为 1cm。

③ 领子缝好的效果如图所示。

步骤 6

① 将袖缘正面相对并进行缝合。

② 袖缘的缝合区域如图所示，缝合宽度为 1cm。

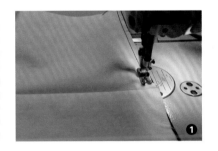

步骤 7

① 将袖缘反面相对对折并进行缝合。

② 缝合宽度不超过 0.5cm，如图所示。

③ 袖缘缝好的效果。

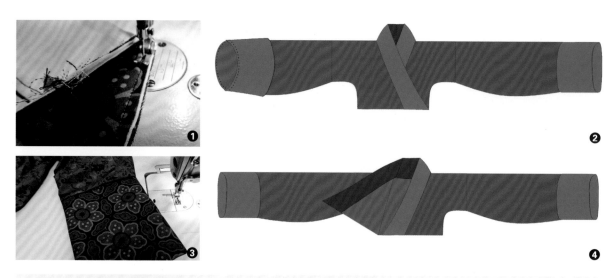

步骤 8

① 将袖缘与袖口缝合在一起。

② 图中左侧衣袖处展示的是缝合区域及缝合时袖口与袖缘的放置位置，右侧衣袖处展示的是缝好后袖口的效果。缝合宽度为 1cm。

③ 袖缘缝合完成的实际效果如图所示。

④ 袖缘、领子缝合完成后掀开一侧衣身的效果如图所示。从图中可以清楚地看到缝合的结构。

步骤 9

① 对下衣身进行缝合并将其熨烫平整。

② 图中左侧面料处展示的是缝好的部分效果，右侧面料处展示的是缝合的位置。缝合宽度为 1cm。

③ 缝好之后平铺开的效果。

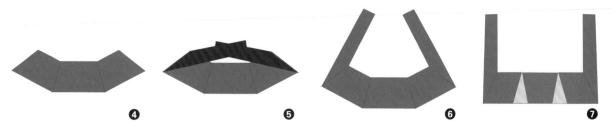

④　　　　　　⑤　　　　　　⑥　　　　　　⑦

步骤 10

① 对下摆衣缘进行缝合。

② 将下摆衣缘正面相对并进行缝合，缝合宽度为1cm。

③ 继续缝合下摆衣缘。

④ 下摆衣缘缝好后铺开的效果。

⑤ 将左右两侧衣缘与下摆衣缘正面相对并进行缝合。

⑥ 缝好后铺开的效果如图所示。

⑦ 部分折叠后平铺的效果如图所示。图中的浅色三角形表示被折叠的区域。

⑧ 将缝好的衣缘熨烫平整。

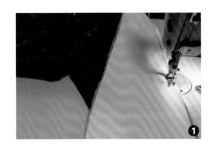

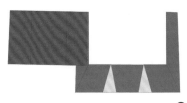

步骤 11

① 将衣缘与衣身正面相对并进行缝合。

② 缝合宽度为1cm。

③ 缝好的效果如图所示。

步骤 12

① 将上下衣身正面相对并进行缝合，缝合宽度为1cm。

② 缝合完成的效果如图所示。

步骤 13

① 对衬里布进行缝合。

② 图中的红色标注处表示开口位置。需要注意的是，衬里的开口位置与外层面料的开口位置是相反的，这样将衬里与外层面料缝合后开口才会重合。

③ 将衬里熨烫平整。

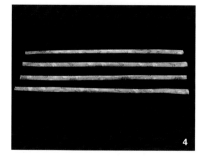

步骤 14

① 将衬里与衣身缝合在一起，缝合宽度为1cm。需要注意的是，可以根据衣身颜色的不同来区分每个区域的缝合位置。图中的红色标注处表示拆开的位置。

② 将袖子处的衬里拆开。从拆开的位置将衣服掏出来。

③ 将衣服翻至正面后，对衬里开口处进行缝合。

④ 缝制4条系带。

⑤ 在衣缘处缝制系带。

⑥ 将系带反向折叠后继续缝合。

步骤 15

将衣身铺开，系带缝合位置及衣身整体的结构关系如
图所示。

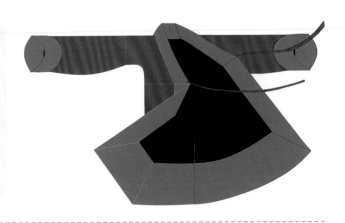

步骤 16

将衣身熨烫平整。

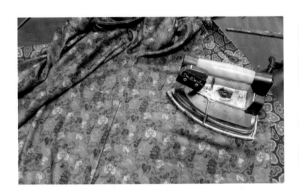

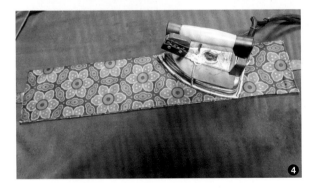

步骤 17

① 在腰封布上放置胶衬，熨烫，使其更加硬挺。

② 将腰封布反面相对对折，将边缘处向内折叠 1cm 并夹
住系带进行缝合。

③ 缝合宽度约 0.2cm。

④ 将腰封熨烫平整。

至此，交领直裾袍制作完成。

三绕曲裾

曲裾概述

可以将曲裾理解为一种续衽绕襟的服装。曲裾深衣是汉服深衣的一种款式，是秦汉时期常见的服饰。根据衣裾绕襟与否，深衣可分为直裾和曲裾。曲裾深衣后片衣襟较长，长衣襟呈三角形，经过后背再绕至前襟，腰部缚以大带。

汉代曲裾深衣男女均可穿。这种服装通身紧窄，长可曳地，下摆一般呈喇叭状，行不露足。衣袖有宽窄两式，袖口大多镶边。领子很有特色，通常为交领，领口很低，以便露出里衣。若穿多件衣服，每层领子必露于外，最多可达三层，时称"三重衣"。根据下摆绕的圈数，曲裾的基本款式可分为双绕曲裾、三绕曲裾等。曲裾的袖形有直袖、广袖、垂胡袖等。

三绕曲裾制作

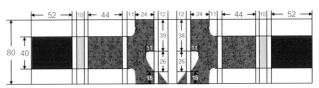

- 衣身正面色彩
- 衣身反面色彩
- 宽边衣缘、袖缘正面色彩
- 宽边衣缘、袖缘反面色彩
- 窄边衣缘、袖缘正面色彩
- 窄边衣缘、袖缘反面色彩
- 衬里正面色彩
- 衬里反面色彩
- 腰封反面色彩

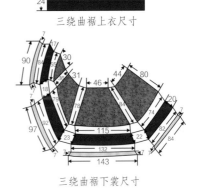

三绕曲裾上衣尺寸

三绕曲裾下裳尺寸

三绕曲裾腰封尺寸

单位：cm

（此款版型尺寸参考身高为170cm，衬里布与衣身布尺寸相同。宽边、窄边衣缘均为单层尺寸，宽边、窄边袖缘均为双层尺寸。）

面料：醋酸缎　　衣缘、袖缘：麻　　衬里：仿真丝　　工艺：数码印花

（注：不同部分尺寸图比例不同。）

步骤 1

① 将衣身正面相对，对后中缝进行缝合。

② 缝合区域如图所示，缝合宽度为1cm。

步骤 2

① 分别将左右两侧的侧衣身与衣身正面相对并进行缝合。

② 缝合宽度为1cm。

步骤 3

缝好之后，将衣身部分翻至反面的结构如图所示。

步骤 4

缝好之后，将衣身平铺开，衣身结构如图所示。

步骤 5

① 将衣袖与衣身缝合在一起。

② 图中左侧衣袖处展示的是衣袖与衣身的缝合位置，右侧衣袖处展示的是缝好后铺开的效果。

步骤 6

缝好之后，将衣身部分翻至反面，结构如图所示。

步骤 7

① 准备好袖缘布及袖缘贴边布，缝制袖缘。

② 将袖缘贴边布对折后，再将其与袖缘布正面的一边进行缝合。

③ 缝合完成的平面效果如图所示。缝合宽度约 0.5cm。

步骤 8

① 将袖缘布正面相对并进行缝合。

② 缝合位置如图所示，缝合宽度约 1cm。

步骤 9

① 将两层袖缘布缝合在一起。

② 缝合位置如图所示，缝合宽度约 0.5cm。

步骤 10

缝好之后将衣身平铺开，衣身结构如图所示。

❶

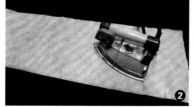

❷

❸

❹

步骤 11

① 准备领缘布及领缘贴边布。

② 在领缘布反面放置胶衬，熨烫，使其更加硬挺。

③ 将领缘布对折并熨烫平整。

④ 在领缘贴边布反面放置胶衬，熨烫，使其更加硬挺。

⑤ 将领缘贴边布对折并熨烫平整。

❺

❶

❸

❷

步骤 12

① 将领缘布和领缘贴边布放在一起。

② 将领缘布和领缘贴边布缝合在一起。

③ 缝合效果如图所示，缝合宽度为 0.5cm。

步骤 13

① 将前后衣身正面相对，对侧缝进行缝合。

② 缝合宽度为1cm，如图所示。侧缝的红色标注处为开口位置。

③ 缝好后将衣身翻至正面的效果。

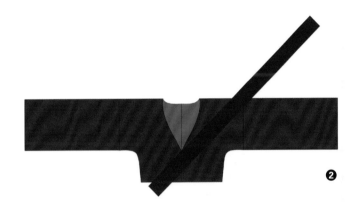

步骤 14

① 将领缘布与衣身正面相对并进行缝合。

② 领缘布与衣身的缝合角度如图所示，缝合宽度为1cm。

步骤 15

① 缝好后将多余部分剪掉。

② 缝合完成的效果。

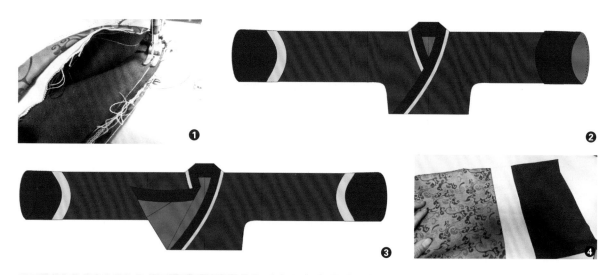

步骤 16

① 对袖缘与袖口进行缝合。

② 图中左侧衣袖处展示的是缝好的效果，右侧衣袖处展示的是袖口与袖缘的缝合区域，缝合宽度为1cm。

③ 双侧袖缘缝合完成的效果如图所示。

④ 袖缘与袖口缝好后实拍效果。

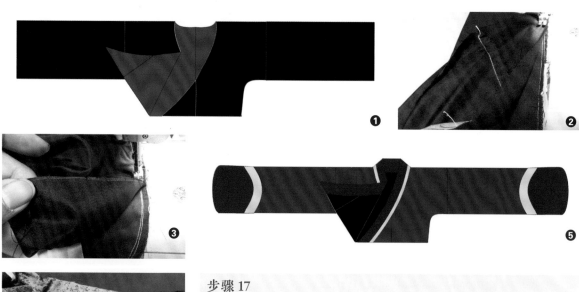

步骤 17

① 对衬里布进行缝合。

② 将衬里布和衣身布正面相对并进行缝合。

③ 对袖口衬里布与袖口进行缝合。

④ 缝好后将其熨烫平整。

⑤ 缝好后衬里与衣身的结构如图所示。

步骤 18

① 对下身的 4 片衣片进行缝合，缝合时的排列方式如图所示。

② 缝好后将其熨烫平整。

③ 熨烫完成的实拍效果。

步骤 19

① 在下身衣缘贴边上放置胶衬，熨烫，使其更加硬挺。

② 将衣缘贴边正面相对并进行缝合。

③ 缝合完成的贴边效果如图所示。

④ 将贴边布的上下两侧正面相对并进行缝合。缝合宽度约 0.3cm。右侧也以同样的方式进行缝合，从翻开位置可以看到缝合时两层贴边的正反面关系。

⑤ 将贴边布熨烫平整。

步骤 20

① 将衣缘布正面相对并进行缝合。

② 缝合完成后，将其熨烫平整。

③ 衣缘布熨烫好的效果如图所示。

④ 将衣缘布与衣缘贴边缝合在一起，如图所示。

⑤ 缝合另一层衣缘布，缝合宽度为1cm。从翻开位置可以看到缝合时两层贴边的正反面关系。

⑥ 缝好后翻至正面的效果如图所示。

步骤 21

① 将下衣身与衣缘缝合在一起，在侧缝缝一条系带。

② 对衬里进行缝合，缝合衬里的时候缝系带，并对衬里与衣身进行缝合。

步骤 22

① 将上衣身夹在两层下衣身之间进行缝合。

② 缝合区域如图所示，图中红色标注处表示拆线位置。

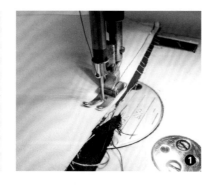 

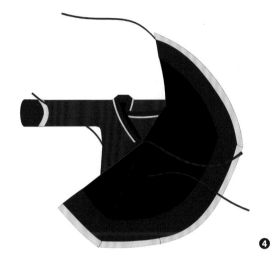

步骤 23

① 从拆线位置将衣身翻至正面。

② 对开口处进行缝合。

③ 在衣缘处缝系带。

④ 系带的缝合位置及上下衣身的缝合结构如图所示。

步骤 24

① 将包边辅料包住腰封贴布并进行缝合。

② 辅料缝合完成的效果。

③ 将腰封贴布缝在腰封布上。

④ 腰封贴布与腰封布缝好的效果。

步骤 25

① 将腰封衬里布与腰封布正面相对并进行缝合。

② 缝合区域为两端，如图所示，缝合宽度为1cm。

③ 缝好后翻至正面。

④ 将腰封布熨烫平整。

⑤ 腰封布熨烫完成的效果。

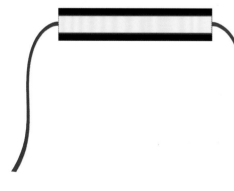

步骤 26

① 缝制两条系带。

② 将上下两层腰封布分别向内折叠1cm，并夹住系带进行缝合。

③ 缝好之后的效果。

④ 缝好之后的腰封整体效果如图所示。缝合宽度约0.2cm。

至此，三绕曲裾制作完成。

秦汉时期服装参考纹样

第三章

魏晋时期服装

杂裾垂髾套装

杂裾垂髾概述

魏晋时期,传统的深衣制已不被男子采用,但仍有妇女穿着深衣。这一时期的深衣与汉代的差异较大,比较典型的特征是在服装上饰以"纤髾"。"纤"是一种固定在衣服下摆位置的饰物,通常由丝织物制成,其特点是上宽下尖,大致呈三角形,并层层相叠。"髾"是从围裳中伸出来的飘带。飘带拖得比较长,妇女们走起路来如燕飞舞。这种服饰在南北朝时又有了变化,去掉了曳地的飘带,而将尖角的"燕尾"加长。

关于杂裾垂髾这种搭配是否存在有一定的争议,但杂裾上的元素是存在的。与其称之为"杂裾",不如称之为"袿衣",袿衣意为上等服饰。袿者,上广下狭,呈刀圭状。袿衣上垂挂的饰物应是杂裾垂髾里的"髾"。命妇才可穿袿衣。

虽然史料的佐证还不够充分,但魏晋时期的一些画作可以证实杂裾垂髾与当时的服饰文化有千丝万缕的联系。我们一直推崇汉服的复原,但完全复原是做不到的,我们能做的就是珍惜历史给我们留下的宝贵财富,对其进行发扬,并推动其传承发展。

制作本案例这款杂裾垂髾时,我们采用印花卡丹皇面料作为服装的主要面料,让服装呈现出厚重垂坠的感觉。对垂髾进行了一些改良,使服装更能满足现代着装需求。

垂胡袖杂裾衫

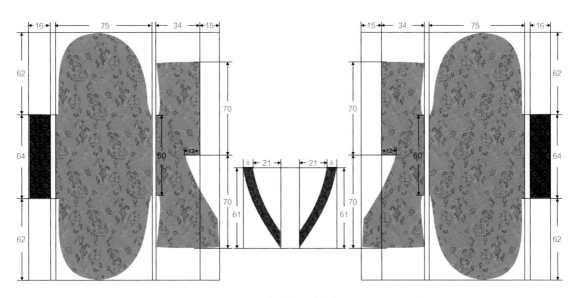

垂胡袖杂裾衫尺寸

单位：cm

（此款版型尺寸参考身高为170cm，衬里布与衣身布尺寸相同。）

面料：醋酸缎　　衬里：仿真丝　　工艺：数码印花

- 衣身正面色彩
- 衣身反面色彩
- 领缘、袖缘正面色彩
- 领缘、袖缘反面色彩
- 衬里正面色彩
- 衬里反面色彩

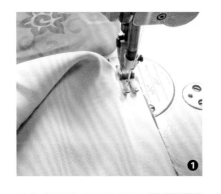

步骤1

① 对衣身后中缝进行缝合。

② 缝合区域如图所示。

③ 缝好后平铺效果。

步骤 2

① 将衣袖与衣身缝合在一起。

② 缝合区域如图所示。

③ 衣袖与衣身缝合完成的效果如图所示。

④ 缝好后将其熨烫平整。

步骤 3

① 将衣身正面相对，对侧缝进行缝合。

② 缝合宽度为 1cm。图中红色标注处为保留的开口位置。

步骤 4

① 对衬里布进行缝合，缝合方法与衣身的相同。

② 缝好后的效果如图所示，衬里与衣身尺寸相同。图中红色标注处为衬里开口位置，对应衣身的开口位置。

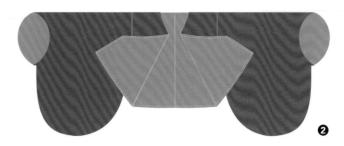

步骤 5

① 将衬里与衣身正面相对并进行缝合。

② 缝合区域如图所示。

③ 缝好后将衣身翻至正面。

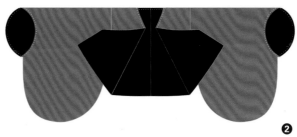

步骤 6

① 缝合袖口及领口位置的衣身和衬里。

② 缝合区域如图所示。

步骤 7

① 对领缘衬里进行缝合。

② 缝合区域如图所示，缝合宽度为 1cm。

③ 缝合完成后平铺效果如图所示。

步骤 8

① 对领缘布进行缝合。

② 缝合区域如图所示,缝合宽度为 1cm。

③ 缝合完成后平铺效果。

步骤 9

① 缝制两条系带,每条系带长约 50cm。

② 将领缘衬里与领缘布缝合在一起。

③ 将领缘布及领缘衬里分别折叠 1cm 并熨烫平整。将系带夹在领缘布之间进行缝合,缝合区域如图所示,左侧掀开的位置像右侧一样进行缝合,缝合宽度为 1cm。

④ 缝合完成后翻至正面的效果。

 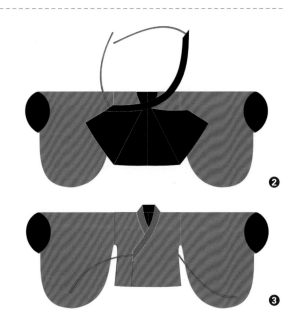

步骤 10

① 用领缘夹住领边并进行缝合。

② 缝合区域如图所示。

③ 缝合完成的整体效果。

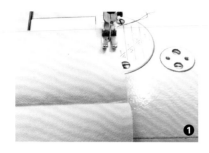① ② ③

④

步骤 11

① 对袖缘布进行缝合。

② 袖缘布具体处理方式如图所示，将袖缘布上下两边折叠 1cm 并熨烫平整。

③ 将袖缘布正面相对并进行缝合。

④ 将缝好的袖缘布向外翻折，形成两层宽度一致的袖缘。

⑤ 制作完成的实拍效果。

⑤

②

步骤 12

① 用袖缘布夹住袖口并进行缝合。

② 缝合区域及效果如图所示。

③ 缝好之后熨烫平整。

至此，垂胡袖杂裾衫制作完成。

杂裾腰裙

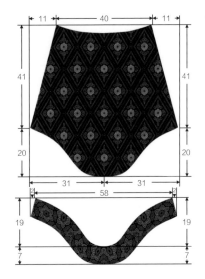

杂裾腰裙尺寸
单位：cm
（此款版型尺寸参考身高为170cm，衬里与外层面料尺寸相同，裙片及贴边需各裁2片。）

面料：醋酸缎　衬里：仿真丝　工艺：数码印花

- ■ 裙片正面色彩
- ■ 裙片反面色彩
- ■ 腰带、贴边正面色彩
- ■ 腰带反面色彩
- ■ 衬里正面色彩
- ■ 衬里反面色彩

步骤 1

① 在腰裙贴边上放置胶衬，熨烫，使其更加硬挺。

② 两条贴边熨烫完成的效果。

③ 对贴边进行包边。

步骤 2

① 准备好裙片。

② 将贴边与裙片缝合在一起。另外一片裙片以同样的方式进行缝合。

步骤 3

① 对两片裙片进行缝合。

② 缝合区域如图所示，缝合宽度为 1cm。

③ 缝好后翻至正面的效果。

步骤 4

① 对衬里进行缝合。

② 缝合区域如图所示。

步骤 5

① 将衬里与裙片缝合在一起，其中一侧的缝合区域如图所示。

② 缝好后翻至正面，腰裙侧面开缝处实拍效果如图所示。

③ 对腰裙下摆进行包边。

④ 腰裙下摆包边区域如图所示。

  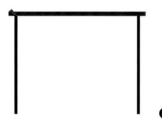

步骤 6

① 将腰裙的腰带布对折并熨烫平整。

② 腰裙腰带布样式如图所示。将上下两边分别折叠 1cm 并熨烫平整。

③ 缝制两条系带，每条系带长约 50cm。

④ 在腰带两端分别缝制一条系带，缝合位置如图所示。

⑤ 缝合完成后翻至正面的效果。

步骤 7

① 将腰带夹住腰裙并进行缝合。

② 缝合区域如图所示。缝合宽度约 0.2cm。

步骤 8

缝好之后熨烫平整。至此，杂裾腰裙制作完成。

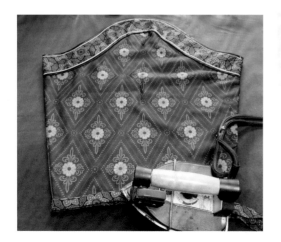

垂臀

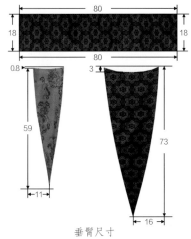

垂臀尺寸

单位：cm

（此款版型尺寸参考身高为170cm，衬里布与垂臀大挂片布尺寸相同。

垂臀大挂片与垂臀小挂片各有9片。）

面料：醋酸缎　　工艺：数码印花

■ 大挂片正面色彩

■ 大挂片反面色彩

■ 小挂片正面色彩

■ 裙腰正面色彩

■ 裙腰反面色彩

■ 衬里反面色彩

❶

❷

❸

4

步骤1

① 准备垂臀小挂片，如图所示。

② 对小挂片进行包边。

③ 包边完成的效果。

④ 将小挂片熨烫平整。

步骤2

① 将小挂片与大挂片缝合在一起。

② 缝合完成的效果如图所示。

1

❷

步骤 3

① 对挂片与衬里进行缝合，衬里尺寸与大挂片尺寸相同。

② 缝合区域如图所示，从掀开的位置可以看到正反关系。

③ 缝合完成后将其熨烫平整。

④ 熨烫完成的效果如图所示。

步骤 4

① 对挂片进行包边。

② 尽量将包边缝线隐藏在黑边与金边的缝隙中。

③ 包边完成的效果。

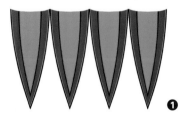

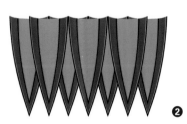

  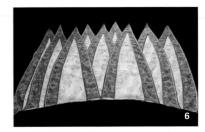

步骤 5

① 制作 9 片挂片。将 4 片挂片排列在一起。

② 将 3 片挂片叠放在第一层挂片上。

③ 将 2 片挂片叠放在第二层挂片上。

④ 将挂片缝合在一起。

⑤ 将挂片熨烫平整。

⑥ 熨烫完成的实拍效果。

步骤 6

① 缝制两条系带，每条系带长度约为 50cm。将系带夹在垂髾裙腰中进行缝合。

② 缝合位置如图所示，将裙腰上下两层分别向外折叠 1cm 并熨烫平整。

③ 缝好后翻至正面的效果。

步骤 7

① 用裙腰夹住挂片并进行缝合。

② 缝合区域如图所示，缝合宽度约为 0.2cm。

③ 缝合完成后熨烫平整。

至此，垂髾制作完成。

杂裾腰封

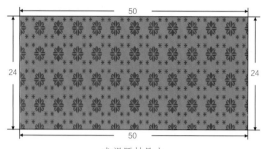

杂裾腰封尺寸

单位：cm

面料：醋酸缎　　工艺：数码印花

▨ 腰封正面色彩
▨ 腰封反面色彩

步骤 1

将腰封沿虚线进行对折。

步骤 2

将腰封布正面相对进行缝合。

步骤 3

缝合区域如图所示，将腰封两端分别折叠1cm并熨烫平整。

步骤 4

缝好后翻至正面。

步骤 5

缝制两条系带，每条系带长度约为50cm。将两条系带分别夹在腰封两端并缝好。

步骤 6

缝合完成的效果。

杂裾褶裙

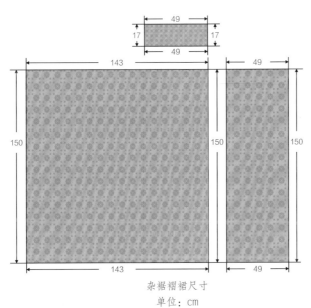

杂裾褶裙尺寸

单位：cm

（此款版型尺寸参考身高为170cm。裙腰及裙片布均以同样的尺寸各裁2份。）

面料：30D雪纺　　工艺：数码印花

1

2

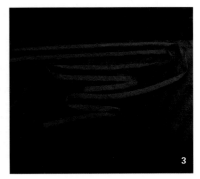

3

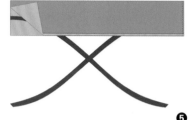

步骤 1

① 在褶裙裙腰上放置胶衬，熨烫，使其更加硬挺。

② 将裙腰布对折并熨烫平整。

③ 缝制两条系带，每条系带长约1.2m。

④ 将系带夹在裙腰中并缝好。

⑤ 缝合区域如图所示。将裙腰布上下两层分别向外折叠1cm并熨烫平整。

⑥ 处理完成后翻至正面的实拍效果如图所示。

⑦ 缝合完成整体效果如图所示。以同样的方式缝制另一个裙腰。

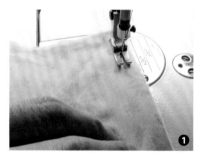

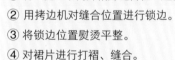

步骤 2

① 将一宽一窄两片裙片缝合在一起。

② 用拷边机对缝合位置进行锁边。

③ 将锁边位置熨烫平整。

④ 对裙片进行打褶、缝合。

⑤ 打褶方式如图所示。

⑥ 对裙片两侧及下摆进行包边。

⑦ 包边效果如图所示。最终裙腰的宽度与裙片的宽度保持一致。以同样的方式缝制另一片裙片。

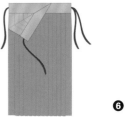

步骤 3

① 将裙片夹在裙腰中并缝好。

② 缝好后熨烫平整。

③ 缝合完成整体效果如图所示。以同样的方式将另一片裙片和裙腰缝合在一起。

④ 对两片裙子侧缝进行缝合。

⑤ 缝好后对缝合处进行锁边。

⑥ 缝合区域如图所示。

步骤 4

① 对裙摆进行裁剪。

② 裁剪之后的效果。

步骤 5

① 对裙摆进行锁边。

② 将裙摆向内折叠1cm并进行缝合。

至此，杂裾褶裙制作完成。

魏晋时期服装参考纹样

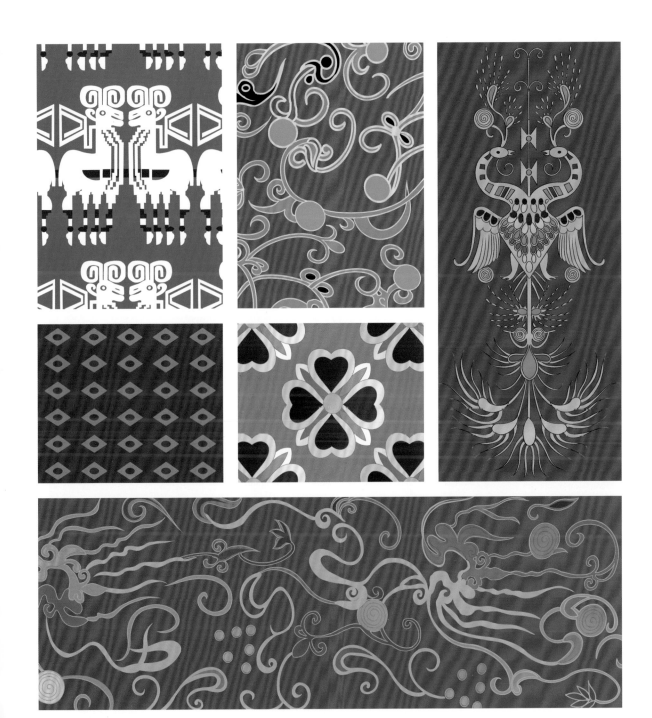

第四章

唐代服装

唐代襦裙系列服装

唐代襦裙概述

  唐代女子服饰是中国传统服饰的代表和典范，以众多的款式、艳丽的色调、华丽的图案等，成为唐代文化的标志之一。唐代襦裙不仅具有浓厚的民族色彩，还以独特的时尚性成为唐代服装的重要代表。

  上身穿的短衣和下身束的裙子合称襦裙。唐代的襦指的是一种衣身狭窄、短小的夹衣或棉衣，唐代女子穿襦时会将其束入裙中。初唐时期的襦较为保守，多采用交领或直领，盛唐时由于交流广泛，思想开放，所以襦流行起袒领。据史书记载，只有身份高的人才能穿开胸衫，嫔妃和公主可以半裸胸，歌女、舞女也可以半裸胸，而平民百姓家的女子是不能半裸胸的。

  除了襦和裙，唐代女子襦裙服装中还包括帔帛、裲裆、半臂、褙子、幂篱、帷帽和披肩。帔帛是一种搭在肩背、缠绕于双臂的长条帛巾，借鉴了当时流行的西域舞衣。裲裆是一种套于大袖衣外面而不遮掩大袖的短袖外套，与现在的背心、坎肩类似。半臂和褙子都是短袖罩衣，样式为衣袖比衣衫短，身与衫齐而大袖。幂篱和帷帽都是唐代妇女出行时，为遮蔽脸容而戴的帽子。幂篱的裙身可以罩身，到永徽年间，帽裙缩短至颈部，故名帷帽。而披肩则是从狭而长的披帛演变而来的，后来逐渐成为披之于双臂、舞之于前后的飘带。

  襦裙半臂穿搭早在初唐即已出现。不仅在中原地区流行，西北地区的妇女也喜欢襦裙半臂穿搭，半臂一般都采用对襟，胸前结带。也有少数用套衫式的，穿时从上向下套，领口宽大。半臂的下摆可以显露在外，也可以像短襦那样束在裙腰里。从传世的壁画、陶俑来看，穿着这种服装时里面一定要穿内衣（如短襦）。

　　一般所说的襦裙样式，上襦较短，只到腰间，而裙子很长，下垂至地。按领子样式的不同，襦裙可分为交领襦裙、直领襦裙。按裙腰的高低不同，襦裙可分为齐腰襦裙、高腰襦裙和齐胸襦裙。为了让大家更好地了解襦裙的制作方式，我们对襦裙进行分解式讲解，分为交领上襦、对襟上襦、齐腰褶裙、齐胸24破间色裙。上襦与裙之间可以互相搭配形成多样的效果。齐腰褶裙的裁剪方式采用一片围合式，用系带进行固定。古代布幅较小，一般采用6块50～60cm宽的布拼接起来做褶裙，但现代布幅较大，所以本书中的裙子都做了简化，即采用布幅较大的布料去缝制，从而减少布料片数，虽然不完全符合古制，但裁剪、缝纫过程更加便捷。古代女子襦裙装扮的裙腰束得并不是很高，而隋唐五代时期流行一种裙腰束得非常高的襦裙，与胸部上方齐平，故称齐胸襦裙。这种襦裙大约起源于南北朝，经历了隋、唐、五代才淡出历史舞台，但今天仍然深受喜爱，本书中的齐胸高腰24破间色裙就具备齐胸襦裙的特点。

齐胸 24 破间色裙套装

对襟上襦

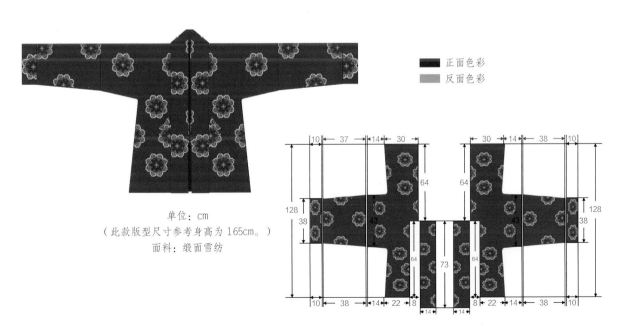

单位：cm
（此款版型尺寸参考身高为165cm。）
面料：缎面雪纺

■ 正面色彩
□ 反面色彩

对襟上襦尺寸

步骤 1

① 将衣身反面相对，对后中缝进行缝合。

② 缝合宽度不超过 0.5cm。

步骤 2

① 将衣身正面相对，对后中缝进行缝合。

② 缝合宽度为 1cm。

步骤 3

① 将衣袖与衣身反面相对并进行缝合。

② 缝合宽度不超过 0.5cm。

③ 将衣身和衣袖正面相对并进行缝合。

④ 缝合宽度为 1cm。

⑤ 缝好之后衣袖一侧展开和一侧折叠起来的效果对比。

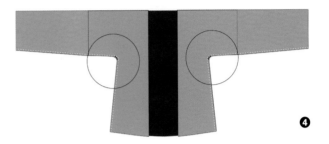

步骤 4

① 将前后衣身正面相对，对侧缝进行缝合。

② 缝合区域如图所示，缝合宽度为1cm。

③ 在两侧腋下位置用剪刀开几个口。

④ 在两侧腋下位置开口的目的是让转折处更加自然、伏贴。

⑤ 用拷边机对侧缝缝合处及下摆进行锁边。

步骤 5

① 将领缘两端分别正面相对并进行缝合，缝合宽度为1cm。

② 缝好后翻至正面。

③ 将领缘熨烫平整。

④ 熨烫完成的效果。

⑤ 通过图片可以更好地理解领缘的制作方法。

步骤 6

① 缝制两条系带。

② 将系带缝在前襟，缝合宽度不超过 0.5cm。

步骤 7

① 将前襟下摆向上翻 1cm 包住领缘并进行缝合。

② 从一侧衣襟开始向上缝合至另一侧前襟下摆位置，缝合宽度为 1cm。

③ 缝合完成的效果。

④ 用拷边机进行锁边。

步骤 8

① 将袖缘正面相对并进行缝合。

② 缝好后熨烫平整的效果。

③ 通过图片可以更好地了解袖缘的制作方法。首先将袖缘正面相对并进行缝合，缝合宽度为 1cm，然后翻至正面，对折后继续对两层进行加固缝合。

步骤 9

① 将袖缘与袖口缝合在一起。

② 图中左侧袖口处展示的是袖口与袖缘的缝合关系，右侧袖口处展示的是缝合完成的效果。

③ 用拷边机对袖口缝合处进行锁边。

步骤 10

① 缝合下摆。

② 将下摆向内折叠 1cm 并进行缝合。

步骤 11

将系带折叠后进行加固缝合。

步骤 12

将衣身熨烫平整。

步骤 13

制作完成的效果。

直对襟半臂

■ 正面色彩
■ 反面色彩

单位：cm
（此款版型尺寸参考身高为165cm。）
面料：缎面雪纺

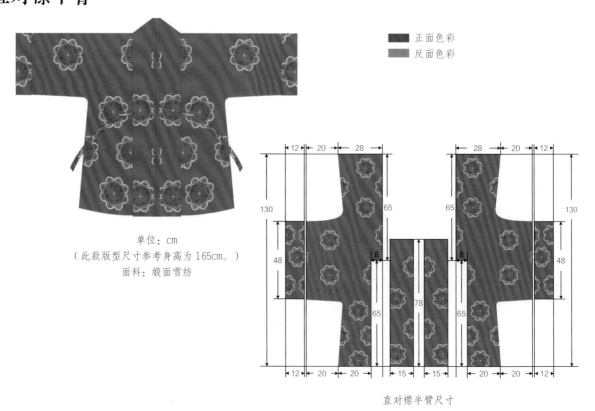

直对襟半臂尺寸

步骤 1

① 将领缘布正面相对并进行缝合。

② 将领缘布反面相对对折，熨烫。

③ 将领缘布正面相对，并对两边进行缝合。

④ 缝好后翻至正面。

⑤ 通过图片可以更好地了解领缘的制作方式。首先将领缘布沿虚线对折，然后对两边进行缝合，缝好后翻至正面。

步骤 2

① 将衣身反面相对，对后中缝进行缝合。

② 将衣身正面相对并进行缝合。

步骤 3

① 通过图片可以更好地了解后中缝的缝合方法。将衣身反面相对，缝合宽度不超过 0.5cm。

② 将衣身正面相对并进行缝合，缝合宽度为 1cm。

③ 缝好之后铺平的效果如图所示。用拷边机对底摆和侧缝进行锁边。

步骤 4

① 将衣身正面相对，对侧缝进行缝合。

② 缝合宽度为 1cm，如图所示，缝合的时候保留开缝位置。

步骤 5

① 缝制两条系带。

② 将系带缝在前襟位置。

③ 系带的缝合角度和位置如图所示。

步骤 6

① 将领缘缝在前襟处。

② 将前襟底摆向上翻 1cm 并包住领缘，然后从前襟的一端朝前襟的另一端缝合。

③ 缝好后翻至正面的效果。

步骤 7

① 缝合袖缘。

② 通过图片可以更好地了解袖缘的制作方法。首先将袖缘正面相对并进行缝合，然后翻至正面并对折，可以将两层缝合在一起。

③ 对袖缘与袖口进行缝合。

④ 缝好之后用拷边机锁边。

步骤 8

① 对下摆进行缝合。

② 对侧缝进行缝合。

③ 缝合区域和整体效果如图所示，缝合宽度为1cm。

④ 缝好之后熨烫平整。

步骤 9

制作完成后，将直对襟半臂铺开的效果如图所示。

齐胸 24 破间色裙

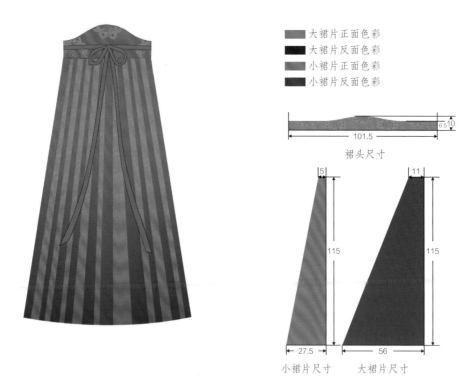

大裙片正面色彩
大裙片反面色彩
小裙片正面色彩
小裙片反面色彩

裙头尺寸

6.5 10

101.5

小裙片尺寸   大裙片尺寸

5

11

115

115

27.5

56

单位：cm

（此款版型尺寸参考身高为165cm。大小裙片各裁12片。裙头布裁2片。）

面料：缎面雪纺

步骤 1

① 将裙片反面相对并进行缝合。

② 将裙片正面相对并进行缝合。

③ 通过图片可以更好地了解裙片的缝合方法。首先将两片裙片反面相对，将小裙片的直线面与大裙片的斜线面缝合在一起，缝合宽度不超过0.5cm。然后将裙片正面相对并进行缝合，缝合宽度约1cm。图中最右侧展示的是缝合完成的效果。按照这种方法继续缝合其他裙片。

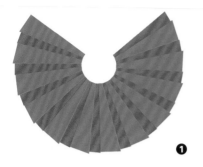

步骤 2

① 裙片缝合完成的效果。

② 用剪刀将多余部分剪掉。

③ 剪掉的区域即图中圆形以外的部分。

④ 裁剪完成的效果。

⑤ 裁剪完成的实拍效果。

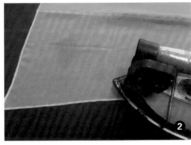

步骤 3

① 对底摆和两侧边进行锁边。

② 将其熨烫平整。

③ 对两侧侧缝及底摆进行包缝处理。

步骤 4

① 在裙头布上放置胶衬，熨烫，使其更加硬挺。

② 将边缘多余的胶衬剪掉。

③ 缝制两条系带。

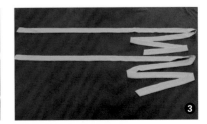

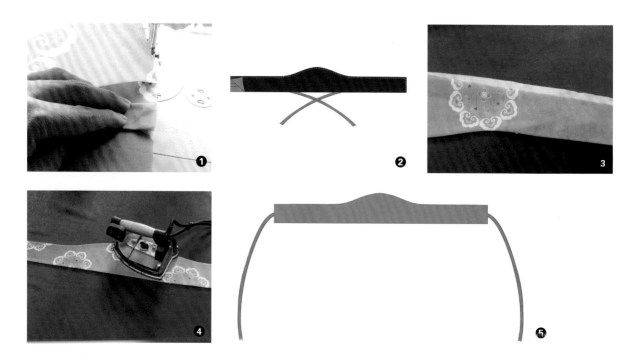

步骤 5

① 将系带与裙头布缝合在一起。

② 缝合区域如图所示，缝合宽度约 0.5cm，从掀开位置可以看到正反面关系。缝好后翻至正面。

③ 将上下两层裙头布分别向内折叠 1cm。

④ 将其熨烫平整。

⑤ 抹胸制作完成的效果。

步骤 6

① 用抹胸夹住裙片进行缝合。

② 缝合效果如图所示，缝合宽度约 0.2cm。

步骤 7

缝合完成后熨烫平整。至此，齐胸24破间色裙制作完成。

褶裙套装

交领上襦

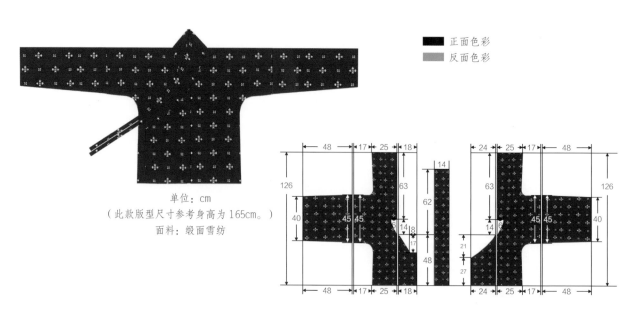

单位：cm
（此款版型尺寸参考身高为165cm。）
面料：缎面雪纺

正面色彩
反面色彩

交领上襦尺寸

  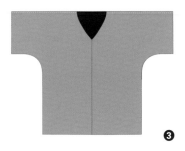

步骤 1

① 将衣身正面相对并对后中缝进行缝合。

② 缝合宽度为 1cm。

③ 用同样的方式缝合衣身的肩缝。

步骤 2

① 将一侧衣身的侧衣身与衣身正面相对并进行缝合。

② 缝合宽度为 1cm。

③ 将另一侧衣身的侧衣身与衣身正面相对并进行缝合。

④ 缝合宽度为 1cm。

步骤 3

① 将衣袖与衣身正面相对并进行缝合。

② 缝合宽度为 1cm。图中左侧衣袖处展示的是缝合位置，右侧衣袖处展示的是缝好后铺开的效果。

③ 用拷边机对后中缝的缝合处、衣袖与衣身的缝合处、侧衣身的缝合处进行锁边。

④ 熨烫平整。

步骤 4

缝制 4 条系带。

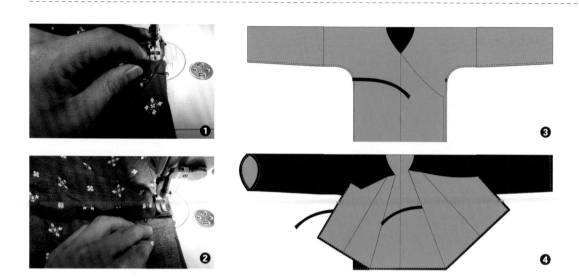

步骤 5

① 缝合衣身侧缝，在右侧衣身侧缝缝一条系带。

② 在左侧衣身侧缝缝一条系带。

③ 图中左侧系带缝在衣服内侧，缝合宽度为 1cm，右侧红色标注处为缝合系带位置。缝合完成后用拷边机对侧缝、前襟、下摆进行锁边。

④ 将衣身翻至正面，再将前襟、下摆向内折叠 1cm 并进行缝合。

步骤 6

① 为领缘布粘贴胶衬，使其更加硬挺。

② 将领缘布对折，熨烫平整。

③ 将上下两层领缘布分别向内折叠 1cm 后熨烫平整。

④ 从图中可以看到折叠位置及正反面关系。

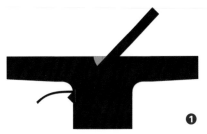

步骤 7

① 领缘布与衣身的缝合角度如图所示，白线标注处是裁剪的位置。

② 将多余部分裁剪后的实际效果。

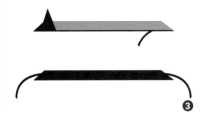

步骤 8

① 将领缘布正面相对后，夹住系带进行缝合。

② 翻至正面的效果。

③ 从图中可以看到缝合的位置，缝合宽度为 1cm。

步骤 9

① 将领口夹在领缘之间。

② 固定好后进行缝合。

③ 从前襟的一侧缝至前襟的另一侧，缝合宽度不超过 0.2cm。

④ 缝好之后将衣服熨烫平整。

至此，交领上襦制作完成。

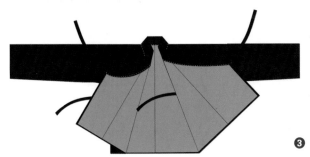

斜对襟半臂

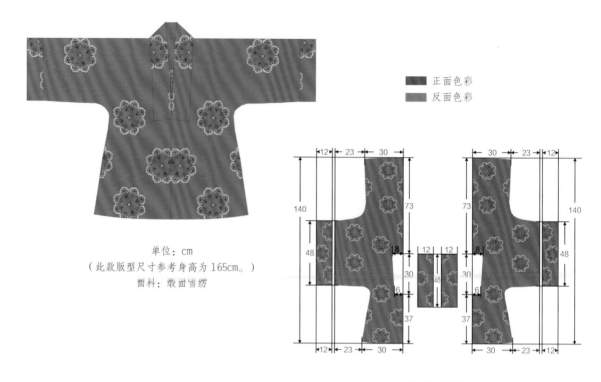

单位：cm

（此款版型尺寸参考身高为165cm。）

面料：靛蓝雪纺

斜对襟半臂尺寸

正面色彩
反面色彩

步骤 1

① 将衣身反面相对，对前身中缝和后身中缝进行缝合。

② 缝合宽度不超过 0.5cm。

❶

❷

步骤 2

① 将衣身正面相对，继续对中缝进行缝合。

② 缝合宽度为 1cm。

❶

❷

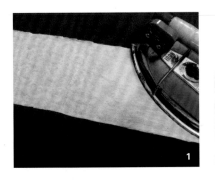

步骤 3

① 在领缘布背面放置胶衬，熨烫，使其更加硬挺。

② 沿虚线对折，如图所示。

③ 缝合固定，缝合宽度不超过 0.5cm。

步骤 4

① 将领缘与领口缝合在一起。缝至转角位置时可以用剪刀开口，使转折处更加伏贴自然。

② 从领口的一侧开始缝合，如图所示。缝合宽度为 1cm。

③ 缝好之后用拷边机进行锁边。

步骤 5

① 锁边完成的效果。

② 缝合效果如图所示，缝合宽度为 1cm。

步骤 6

① 将衣身缝合处熨烫平整。

② 将领子熨烫平整。

③ 衣身翻至正面的效果。

步骤 7

① 将衣身正面相对，对侧缝进行
缝合。

② 缝合区域如图所示，缝合宽度为
1cm。

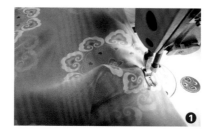

步骤 8

① 在袖缘布上放置胶衬，熨烫，使其更加硬挺。将袖缘布正面相对并进行缝合。

② 缝好后翻至正面对折的效果如图所示。

③ 通过图片可以更好地了解袖缘的制作方式。首先将袖缘布正面相对并进行缝合，缝合宽度为1cm，然后翻至正面，
对折后缝合固定。

步骤 9

① 将袖缘与袖口缝合在一起。

② 图中左侧衣袖处展示的是袖口与袖缘的缝合方式，缝合宽度为1cm，右侧
衣袖处展示的是缝好的效果。

③ 用拷边机对袖口及下摆进行锁边。

步骤 10

① 将下摆向内折叠后进行缝合。

② 衣身正面的缝合效果。

③ 衣身反面的缝合效果如图所示。缝合宽度为 1cm。

步骤 11

缝合完成后，将衣身熨烫平整。

步骤 12

熨烫完成后，将衣服铺平，效果如图所示。

唐代褶裙

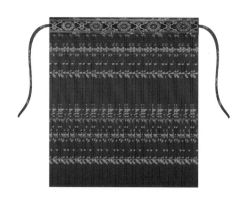

单位：cm

（此款版型尺寸参考身高为165cm，裙片同尺寸裁3片。）

面料：印花雪纺

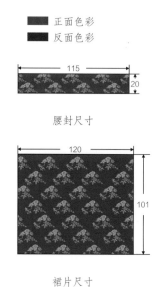

腰封尺寸

裙片尺寸

步骤1

① 将裙片正面相对并进行缝合。

② 缝合区域如图所示，缝合宽度为1cm。

③ 用同样的方式缝合其他裙片。

④ 裙片缝合完成后铺开的效果。

步骤2

① 对裙片缝合处进行锁边。

② 对裙片两侧及底摆进行锁边。

③ 将裙片两侧及底摆向内折叠1cm并进行缝合。

④ 折叠及缝合区域如图所示。

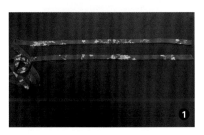

步骤 4

① 缝制两条系带。

② 将腰封装饰辅料缝在腰封布上。

③ 缝合效果如图所示，缝合宽度为 0.1cm。

④ 将腰封布正面相对，夹住系带进行缝合。

⑤ 系带固定及缝合位置如图所示，缝合宽度为 1cm。

⑥ 两侧缝合效果如图所示，缝好后将两边分别向内折叠 1cm 并熨烫平整后翻至正面。

步骤 5

① 翻至正面熨烫平整的效果。

② 腰封制作完成的效果。

步骤 6

腰封内侧折叠效果展示。

步骤 7

① 将裙片夹在腰封之间进行缝合。

② 缝合效果如图所示，缝合宽度约
0.2cm。

步骤 8

制作完成后，将褶裙铺平，效果如图所示。

交领半臂

单位：cm

（此款版型尺寸参考身高为165cm。）

面料：缎面雪纺

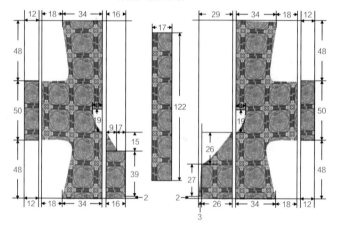

交领半臂尺寸

■ 正面色彩

■ 反面色彩

步骤1

① 将衣身正面相对，对后中缝进行缝合。

② 缝合区域如图所示，缝合宽度为1cm。

❶

❷

步骤 2

① 将一侧衣身侧片与衣身正面相对并进行缝合。

② 缝合区域如图所示，缝合宽度为1cm。

步骤 3

① 将另一侧衣身侧片与衣身正面相对并进行缝合。

② 缝合区域如图所示，缝合宽度为1cm。

③ 用拷边机对缝合处进行锁边。

④ 将衣身熨烫平整。

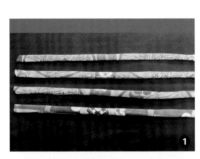  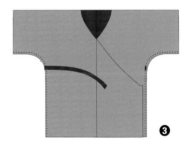

步骤 4

① 缝制4条系带。

② 将衣身正面相对，缝合衣身侧缝。在左侧衣身的侧缝缝系带，将右侧衣身的系带缝在衣身反面。

③ 缝合区域如图所示，缝合宽度为1cm。红色标注处为缝合系带的位置。

④ 缝好后用拷边机对侧缝缝合处、前襟及底摆进行锁边。

步骤 5

① 将前襟及底摆向内折叠 1cm 并熨烫平整。

② 对前襟及底摆进行缝合。

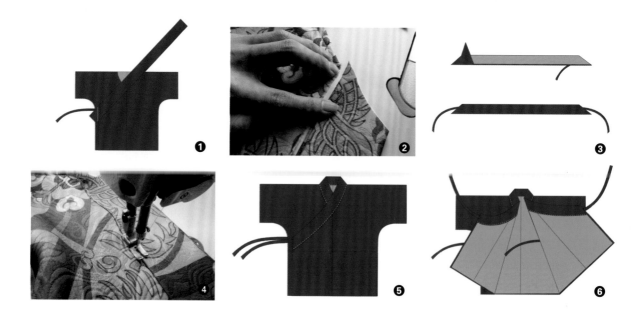

步骤 6

① 对领缘布进行缝合后，将其对折并熨烫平整。领缘布与衣身的衔接角度如图所示，白线标注处为裁剪位置。

② 将多余部分剪掉。

③ 将领缘布两边分别向内折叠 1cm 后熨烫平整，将系带夹在领缘布之间进行缝合，缝合宽度为 1cm，缝好后翻至正面并熨烫平整，如图所示。

④ 将衣身的领口夹在领缘布之间进行缝合，缝合宽度约 0.2cm。

⑤ 缝好后将衣身合上的效果如图所示。

⑥ 缝好后将衣身敞开的效果如图所示，通过图示可以更好地理解缝合方式。

步骤 7

① 将袖缘布正面相对并进行缝合。

② 通过图片可以更好地理解袖缘的制作方法。首先将袖缘布的两边分别向内折叠 1cm 并熨烫平整，然后将袖缘布正面相对并进行缝合，最后将袖缘布翻至正面并对折。

步骤 8

① 将袖口夹在袖缘之间进行缝合。

② 图中左侧衣袖处展示的是袖缘缝合位置，缝合宽度约 0.2cm，右侧衣袖处展示的是缝好之后的平面效果。

③ 制作完成的效果。

唐代圆领袍

圆领袍概述

圆领袍是中国古代传统服饰常见款式之一，唐宋时期称为"上领"，明代则称为"团领""盘领"或"圆领"。它是一种无领式的衣领，形状类似圆形，内覆硬衬，领口钉有纽扣。圆领袍是具有圆领的窄袖袍。圆领袍流行于隋唐，宋代以后，成为官员们的正式服装之一。圆领袍在明代广泛流行，并与补配合，成为区分官位最方便的方式之一。

圆领袍究竟起源于何时，目前还无从考证。根据汉代壁画和人偶中的描绘，我们可以看到一些人物在外衣里面穿圆领服饰的情形，可见在汉代，圆领服饰主要作为内衣穿着。东汉以后，圆领服饰逐渐普及。到魏晋时期，圆领袍逐渐被人们作为外衣穿着，这时真正意义的圆领袍才开始出现。

经过隋唐时期的发展，圆领袍成为男女皆可穿的服饰。男子圆领袍多为纯色的，无花纹。女子圆领袍则色彩鲜艳，多有花纹。敦煌壁画《都督夫人礼佛图》中，有女子身穿圆领袍的形象。而本章圆领袍制作的案例正是在保留了该壁画中圆领袍样式的同时，根据现代工艺加以改良。

这种袍服的左右襟在胸前交叠后，通过衣带或纽扣将襟口上提至颈部，固定在颈部一侧，配合适当的裁剪形成一个圆形领口。圆领的方便、舒适不言而喻。在南北朝时期，圆领样式的袍衫成功融入汉服体系，并在唐代被固定下来。在这一时期，圆领袍发展出两种类型，一种是开胯式，即两侧开叉，另一种是闭胯式，下摆处横加一条以显示追寻祖制。颈部两侧有布扣，总共有四颗，腰部系上蹀躞带，头戴幞头，下穿中裤，脚穿靴子，内穿圆领中衣，这就是一套标准的圆领袍穿搭。

懿德太子墓壁画

圆领袍制作

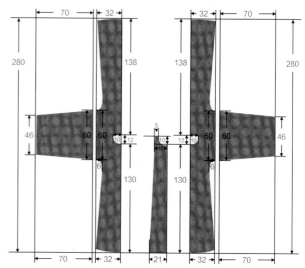

圆领袍衣身尺寸

单位：cm

（此款版型尺寸参考身高为165cm，衬里布与衣身布尺寸相同。为了呈现更伏贴的效果，对领子的裁剪方式做了改良。）

面料：醋酸缎　　衬里：富贵绸　　工艺：数码印花

（注：领子与圆领袍衣身尺寸图比例不同。）

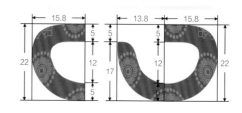

圆领袍领子尺寸

■ 衣身、领子正面色彩

■ 衣身、领子反面色彩

■ 衬里正面色彩

■ 衬里反面色彩

步骤1

① 将衣身正面相对，对后背中缝进行缝合。

② 缝合区域如图所示，缝合宽度为1cm。

③ 对前身侧衣片与衣身进行缝合。缝合区域如图所示。缝合宽度为1cm。

④ 将衣袖与衣身缝合在一起，缝合宽度为1cm。图中左侧衣袖处展示的是缝好后铺开的效果，右侧衣袖处展示的是缝好后在缝合位置折叠起来的效果。

⑤ 衣袖缝好的效果。

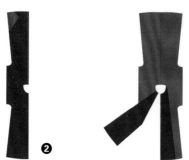

步骤 2

① 将衣身正面相对，对侧缝进行缝合，注意保留开缝位置。

② 缝合区域及保留的开缝位置如图所示，缝合宽度为1cm。

步骤 3

① 将一条细绳包在布条中。

② 缝合布条。

③ 制作包缝线的方法如图所示。准备好细绳和布条，将细绳放在布条反面的中间位置。对折布条，使其包住细绳。缝合布条，缝合宽度为0.2cm。

步骤 4

① 对包缝线与衣身进行缝合。

② 在开缝处缝合包缝线。

③ 在右侧前襟处缝合包缝线。

④ 开缝处包缝线在衣身背面的效果。

⑤ 开缝处包缝线缝好的效果。

⑥ 在左侧衣襟处缝合包缝线。

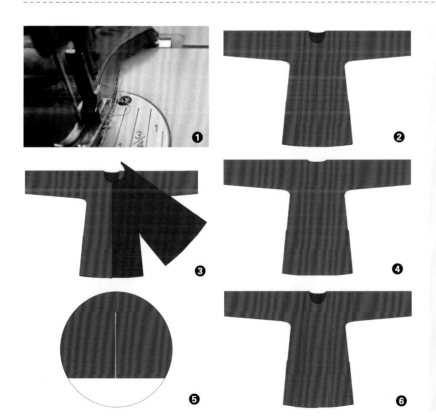

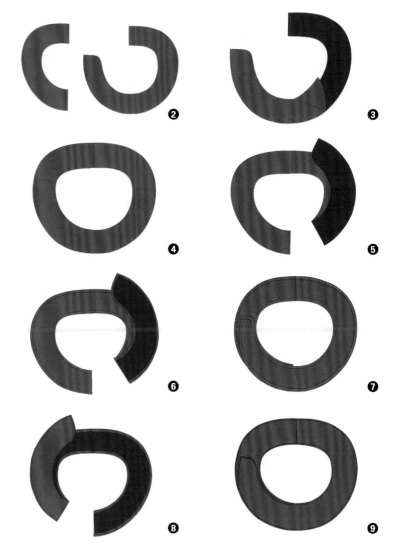

步骤 5

① 在领子反面放置胶衬并熨烫，使其更加硬挺。

② 领子分为左右两片。

③ 将领子正面相对并进行缝合，缝合区域如图所示。缝合宽度为1cm。

④ 缝合完成的效果。

⑤ 缝合完成后掀开的效果。

⑥ 在领子上缝包缝线，沿包缝线本身的缝合线进行缝合，缝合区域如图所示。

⑦ 缝合完成后领子合起来的效果。

⑧ 将包缝线翻至领子反面并熨烫平整。

⑨ 熨烫完成后翻至正面的效果。

步骤 6

① 将领子沿衣身领口进行缝合。

② 缝制盘扣及扣派。

③ 衣服合起来的效果如图所示，从图中可以看到领子的缝合位置及盘扣、扣派的位置。

④ 左侧衣襟掀开的效果如图所示。注意扣派的缝合位置。

⑤ 后衣身效果。

❸

❹

❺

❶

❷

❸

步骤7

① 对衬里进行缝合，衬里前襟的左右两侧与衣身的相反。

② 衬里侧缝处的缝合区域如图所示。

③ 将衬里与衣身正面相对，对前襟、领口、袖口、底摆及侧缝进行缝合。缝合区域如图所示，缝合宽度为1cm。

④ 前襟展开后可以看到被隐藏的需要缝合的区域，如图所示。红色标注处为需要拆线的位置。

⑤ 从拆线处将衣服翻至正面。

❹

❺

❶

❷

❸

❹

步骤8

① 缝合拆线位置，缝合完成的效果。

② 两侧开缝效果。

③ 在领子上扣子的对应位置缝一个扣派，以便系盘扣。

④ 缝合完成后将衣服铺开，在扣派对应位置缝扣子，缝合位置如图所示。

至此，圆领袍制作完成。

合裆裤

合裆裤概述

古代人们将裤子作为内衣来穿。当时的裤子与今天的大不相同，都是开裆裤，有的裤子只是穿在小腿上的套筒，叫作胫衣。

唐代时，人们大多穿上了有裆的裤子，当时这种有裆的裤子叫作裈。

中国的衣裳制本没有裤子，后来为了方便骑马，才有了裤子。古代男子多穿裤子，而女子多穿裙子。关于有裆裤子的由来，据史料记载受波斯文化的影响是很大的。唐代作为中国最开放的朝代之一，女子更是常常着男装。唐代外交政策开放，很多波斯人长期在长安居住。这些波斯人带来的文化被吸收和借鉴，而这其中，自然也包括波斯的服饰，最典型的就是波斯裤。

与波斯裤有关的出土文物有很多，比如郑仁泰墓出土的彩绘釉陶女立俑，着男装的女俑头戴胡帽，身穿圆领窄袖长袍及双色相间的波斯裤。还有阿史那忠墓出土的捧果盘男装女侍图，图中的女子细眉长眼，头戴黑色幞头，身穿白色圆领袍，腰带、香囊一应俱全，下身穿红白相间的波斯裤，双手托着一个盛有白色莲花状物的托盘。

在出土的文物和文献记载中，经常可以看到唐女子着男装出场。到了唐玄宗时期，宫中妇人穿丈夫衣服的情况也很常见。而当时的女子穿着男装时，常搭配波斯裤。从出土的文物中可以看出，女子这样的装扮没有男子的那么素，而且还显得干练，具有男子的阳刚与女子的娇柔融合在一起的美。波斯裤上宽下窄，裤脚有绣花边装饰，条纹多为双色相间。至于到底是两色布料拼接而成还是通过晕染制作出的效果，从文物中看不出来。

本章的合裆裤案例结合史料进行了适当改良，以便更适合现代的穿着需求。不管在古代还是现代，合裆裤都是作为内衣来穿的。

捧果盘男装女侍图，唐阿史那忠墓壁画

合裆裤制作

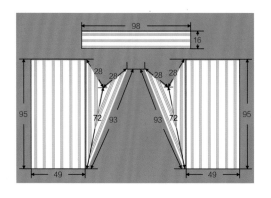

合裆裤尺寸

正面色彩
反面色彩

（此款版型尺寸参考身高为170cm。）
面料：麻

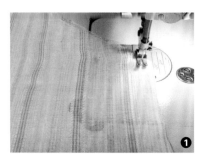

步骤1

① 将贴片布正面相对并进行缝合。

② 缝好后用拷边机进行锁边。

③ 熨烫平整。

④ 缝合区域如图所示，缝合宽度为1cm。

⑤ 缝好之后展开效果如图所示。

步骤2

① 将缝好的两块贴片布缝合在一起。

② 缝好后进行锁边。

③ 将贴片布熨烫平整。

④ 缝好之后的平铺效果。

⑤ 缝合区域如图所示，缝合宽度为1cm。

⑥ 缝好之后正面及部分掀开的效果。

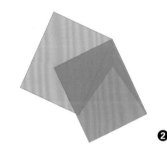

步骤 3

① 将两条裤腿布的一侧与贴片布缝合在一起。

② 缝合区域如图所示，缝合宽度为 1cm。

③ 两条裤腿布与贴片布单侧缝合正面效果。

④ 两条裤腿布与贴片布单侧缝合反面效果。

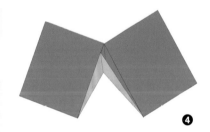

步骤 4

① 将两条裤腿布的另外一侧与贴片布缝合在一起。缝好之后对裤腿布与贴片布的缝合处及裤脚进行锁边。

② 将裤脚向内折叠 1cm 并进行缝合。

③ 缝合完成后的效果。

  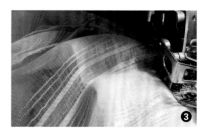

步骤 5

① 将裤腰布正面相对，对两端进行缝合，呈环形后翻至正面，对折后熨烫平整。

② 将裤腰布与裤子缝合在一起。

③ 缝好后用拷边机进行锁边。

④ 裤腰布的缝合效果。

步骤 6

① 在裤腰上缝制绊带。

② 缝制位置如图所示。

③ 缝制一条系裤子的带子。

至此，合裆裤制作完成。

披帛

披帛是古代女子服装上的一种配饰，是一种轻薄的布料丝织品，有些男性服装上也有这种配饰。隋代壁画中已有披帛，披帛在唐代广泛流行。披帛由绘有精美图案的薄纱罗制作而成，有多种戴法。披帛分为长披帛和短披帛两种：短披帛的布幅较宽，长度较短，又名披子，使用时披在肩上，多为室外用；长披帛的布幅较短，但长度较长，使用时多将其缠绕在双臂，多为室内用。

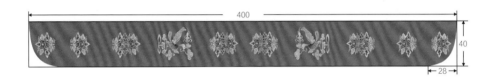

长披帛的长度可以根据需要适当延长，宽度略窄。

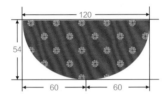

短披帛的宽度可以根据需求适当放宽，长度不宜过长。

在对披帛进行包边的时候可以采用包缝的方式。由于长披帛长度较长，因此包缝时很容易出现包得不够整齐的情况，这时可以给缝纫机安装滚边压脚进行缝合，这样缝合的质量和速度都会得到提高。

唐代服装参考纹样

第五章

宋代服装

宋代褙子套装

褙子概述

褙子，又名背子、绰子、绣裼，是汉服的一种，始于隋代，流行于宋、明两代。宋代褙子直领对襟，两腋开叉，衣裾短者及腰，长者过膝。宋代女性多以褙子内搭抹胸。宋代上至皇后、贵妃，下至奴婢侍从、优伶乐人均喜服褙子，尤其是宋代的女性。

宋代褙子的领型有直领对襟式、斜领交襟式、盘领交襟式三种，直领对襟式居多。男子会将斜领和盘领二式穿在公服里面，妇女多穿直领对襟式。衣长不等，前襟不施祥纽，袖子可宽可窄。衣服两侧开衩，或从衣裾下摆至腰部，或从腋下直开到底，也有不开衩的款式，款式像现代的长背心。

从宋代墓葬中出土的女子褙子来看，褙子的面料主要有罗、绉纱、绫等，其中罗制褙子居多。罗制褙子具有二经绞和四经绞等结构，可织成多种花纹显于衣表，展现出若隐若现的效果。

宋代女子褙子的色彩搭配充分利用冷暖对比，巧妙突显人体姿态，使得内与外、上与下相互平衡。宋代女子褙子上下服色搭配表现出两个特点：一是多喜爱邻近色搭配；二是偏爱彩色褙子与白色长裙的搭配，这在南宋时期尤为流行，一些女角、女伎等特殊职业的女性喜爱红白对比的穿搭。宋代女子褙子往往通过其内的衣襟边缘或垂带的颜色来彰显层次感，使得人物着装更为丰富。

宋代女子褙子的纹样主要通过衣襟、袖口、两腋侧缝处的缘饰加以表现，也有来自布料本身的织物图案，但大多为暗纹，从而使褙子整体显素雅，以此突出缘饰的精致华丽。褙子的纹样种类以花卉纹居多，此外还有鸟兽纹、几何纹、吉祥纹等。

褙子作为常服外穿时，多搭配襦衫、抹胸等服饰。

抹胸上所绑罗带使女性胸部不至平坦，通过系扎的力量把女性胸部的丰满撑托出来。到了南宋，褙子与抹胸的搭配使得女子更加自信开放地显露出肌肤姿态，含蓄而不张扬，性感而不裸露。着装形态不仅为适应生活之需，也迎合女子自身所追求的审美趣味。褙子整体的设计不张扬，在衣身的细节上加以装点，同时突显女子的风韵。

本章的褶子套装在保留褶子本身特点的基础上对色彩的搭配和细节做了适当改良，使其呈现的效果更加符合现代审美及穿着需求。

褶子套装

褶子衫

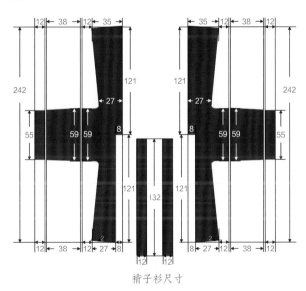

褶子衫尺寸

■ 正面色彩

■ 反面色彩

单位：cm

（此款版型尺寸参考身高为165cm。）

面料：化纤缎

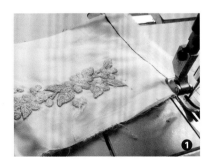

步骤1

① 对衣缘辅料接缝处进行缝合。

② 缝合效果。

步骤2

缝合完成的实拍效果。

步骤 3
① 对衣缘布进行缝合。
② 缝合效果。

步骤 4
缝合完成的实拍效果。

步骤 5
① 将衣缘布、衣缘辅料缝合在一起。采用相同的方法对袖缘进行缝合。
② 缝合区域如图所示。

步骤 6
① 缝合完成后实拍效果。
② 缝合完成的整体效果。

步骤 7
① 采用来去缝的方式对衣身后中缝进行缝合。
将衣身与衣袖反面相对并进行缝合。
② 衣身后中缝的缝合区域如图所示。
③ 衣身与衣袖的缝合区域如图所示。

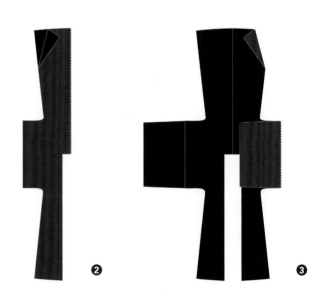

步骤 8

① 将衣身与衣袖正面相对并进行缝合。

② 缝合区域如图所示。

步骤 9

缝合完成后熨烫平整。

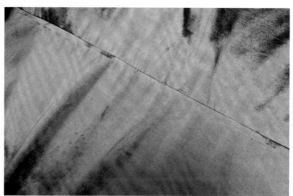

步骤 10

熨烫完成后铺平的正面效果。

步骤 11

① 对缝好的衣缘、袖缘进行熨烫。

② 在熨烫的时候，将衣缘布朝衣缘辅料的一面移 1.5cm 并熨烫平整。袖缘采用同样的方式熨烫。

③ 衣缘和袖缘熨烫好的效果。

步骤 12

熨烫好之后将多余部分剪掉，使其更加整齐。

步骤 13

① 参照袖口的宽度，将袖缘布两边多余部分剪掉。将袖缘布与袖口缝合在一起。

② 袖缘布的缝合位置如图所示。

步骤 14

用拷边机对袖口与袖缘布的缝合处、衣身的侧缝和底摆进行锁边。

步骤 15

① 将衣缘辅料与衣缘布正面相对并进行缝合。

② 缝合位置如图所示，从图中右侧掀开位置可以看到面料正反关系。

步骤 16

① 缝合完成后翻至正面的局部效果。

② 整体效果。

步骤 17

① 对衣缘进行缝合。

② 缝合区域如图所示。

步骤 18

① 对衣身的侧缝进行缝合，注意保留开缝位置。

② 缝合区域如图所示。

步骤 19

① 将侧缝开缝处向内折叠 1cm 并熨烫平整。

② 前衣身折叠区域如图所示。

③ 后衣身折叠区域如图所示。

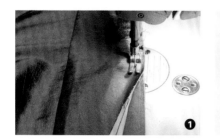

步骤 20

① 将衣缘布与衣襟缝合在一起。

② 从一侧衣襟开始缝合。

③ 缝合至另一侧衣襟下摆位置结束。

步骤 21

对衣缘缝合处进行锁边。

步骤 22

① 对底摆及侧缝进行缝合。

② 前衣身缝合区域如图所示。

③ 后衣身缝合区域如图所示。

步骤 23

制作完成后，将褚子衫铺平的效果如图所示。

一片式抹胸

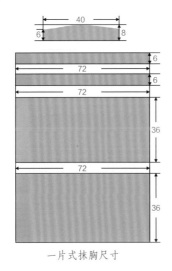

一片式抹胸尺寸

▉ 外层面料正面色彩
▉ 外层面料反面色彩
▉ 衬里正面色彩
▉ 衬里反面色彩

单位：cm
（此款版型尺寸参考身高为165cm。）
面料：棉

步骤 1

在抹胸上缘放置胶衬，熨烫，使其更加硬挺。

步骤 2

将抹胸前衣身布对折后熨烫平整。

步骤 3

① 再次对抹胸前衣身进行折叠、熨烫。

② 折叠区域如图所示。

步骤 4

① 准备好抹胸上缘、前衣身、后衣身。

② 具体效果如图所示。

步骤 5

① 在抹胸上缘两侧分别缝一块长方形面料，增加抹胸上缘的长度。

② 具体效果如图所示。

步骤 6

① 将抹胸上缘两层正面相对并进行缝合。

② 缝合区域如图所示。

步骤 7

① 对抹胸的前后衣身进行缝合。

② 缝合区域如图所示。

步骤 8

① 缝合抹胸衬里。

② 缝合效果如图所示。

步骤 9

① 将抹胸衬里与抹胸衣身正面相对并进行缝合。

② 缝合区域如图所示。

步骤 10

① 缝好后翻至正面，将衣身打褶位置与衬里缝合在一起。

② 缝合区域如图所示。

 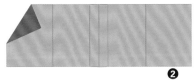

步骤 11

① 将衣身和衬里缝合在一起。

② 缝合区域如图所示。

步骤 12

将抹胸上缘熨烫平整。

步骤 13

将衣身熨烫平整。

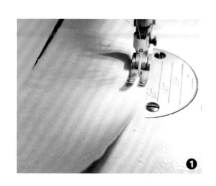

步骤 14

① 将抹胸上缘与衣身缝合在一起。

② 缝合区域如图所示。

步骤 15

① 将抹胸上缘两端正面相对并进行缝合。

② 缝合区域如图所示。图中左侧掀开位置像右侧一样进行缝合。

步骤 16

缝好后翻到正面的效果。

步骤 17

① 将抹胸上缘向内折叠 1cm 后与衣身进行缝合。

② 缝合区域如图所示。

步骤 18

① 制作完成后展开的效果。

② 制作完成的实拍效果。

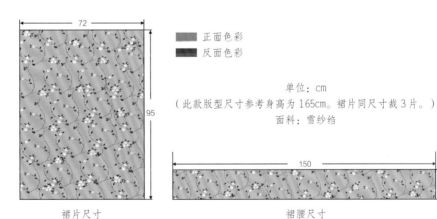

两片裙

	正面色彩
	反面色彩

72

95

单位：cm

（此款版型尺寸参考身高为 165cm。裙片同尺寸裁 3 片。）

面料：雪纱绉

150

16

裙片尺寸

裙腰尺寸

步骤 1

缝制两条系带，每条系带长约 50cm。

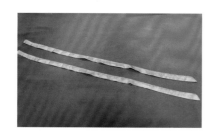

步骤 2

缝好的实拍效果。

步骤 3

① 对裙片进行缝合。

② 缝合区域如图所示。

步骤 4

对缝合处、裙片两侧及下摆进行锁边。

步骤 5

① 将裙片侧缝及下摆向内侧折叠
1cm后熨烫平整。

② 熨烫区域如图所示。

步骤 6

① 熨烫好之后，对裙片折叠、熨烫
的位置进行缝合。

② 缝合区域如图所示。以同样的方
式缝合另一片裙片。

步骤 7

① 将两片裙片部分重叠后缝合在一起。

② 缝合区域如图所示。

步骤 8

在裙腰布上放置胶衬，熨烫，使其更加硬挺。

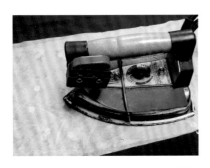

步骤 9

将裙腰布对折后熨烫平整。

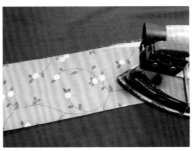

步骤 10

将多余部分裁掉。

步骤 11

① 将裙腰布正面相对，夹住一条系带进行缝合。

② 缝合区域如图所示。图中右侧掀开位置像左侧一样进行缝合。

步骤 12

① 缝好后翻至正面的效果。

② 缝合完成效果如图所示。

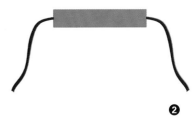

步骤 13

① 将裙腰布向内折叠 1cm 后熨烫平整。

② 折叠及熨烫区域如图所示。

步骤 14

① 将裙片夹在裙腰之间进行缝合。

② 缝合区域如图所示。

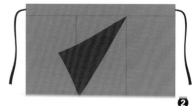

步骤 15

缝好后熨烫平整。至此，两片裙制作完成。

宋代翟服套装

翟服套装概述

　　翟服，又称翟衣，是中国古代后妃命妇的较高级别的礼服，包括袆衣、揄翟、阙翟三种，合称"三翟"。袆衣是皇后受册、祭奠和参加朝会等大型事务时的礼服，由深青色衣料织成，并饰以十二行五彩翬翟纹，配套中衣为白色纱质单衣，领口装饰黼纹，蔽膝与下裳颜色相同，装饰三行翬翟纹，袖口、衣缘等处以红底云龙纹镶边。

翟服大袖衫

衣身正面色彩	衣缘、袖缘正面色彩
衣身反面色彩	衣缘、袖缘反面色彩
衬里正面色彩	衣缘衬里、袖缘衬里正面色彩
衬里反面色彩	衣缘衬里、袖缘衬里反面色彩

单位：cm

（此款版型尺寸参考身高为170cm，衬里布与衣身布尺寸相同。）

面料：醋酸缎　　衬里：富贵绸　　工艺：数码印花

翟服大袖衫尺寸

（同尺寸4条）

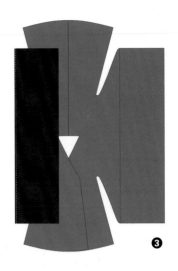

步骤1

① 对衣身后中缝、衣袖与衣身进行缝合。

② 衣身后中缝的缝合位置如图所示。

③ 衣袖与衣身的缝合位置如图所示。

步骤2

① 对衣身侧缝进行缝合，并留出开缝位置。

② 缝合效果如图所示。

步骤3

① 在腋窝位置开三个口，使转折处更自然。

② 开口位置在图中圆圈区域中。

步骤4

① 缝合衬里。

② 衬里后中缝的缝合位置如图所示。

③ 衬里的衣袖与衣身的缝合位置如图所示。

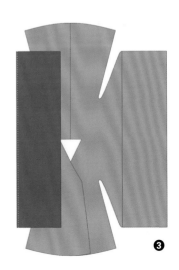

步骤 5

① 缝合衬里的侧缝。

② 缝合效果如图所示。

步骤 6

将衣身熨烫平整。

步骤 7

将衬里熨烫平整。

步骤 8

① 将衣身和衬里正面相对并进行缝合。

② 缝合区域如图所示。

步骤 9

① 将衣身翻至正面，对衣身和衬里的袖口、底摆、前襟进行缝合。

② 缝合区域如图所示。

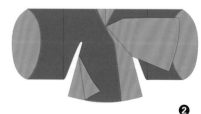

步骤 10

① 将贴边布和贴边衬布正面相对并进行缝合。

② 缝合区域如图所示。

步骤 11

将贴边布翻至正面并熨烫平整。

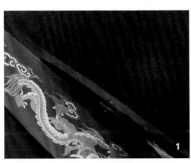

步骤 12

① 将贴边衬布多余部分剪掉。

② 翻至正面的效果。

步骤 13

贴边布制作完成的实拍效果。

步骤 14

对贴边布的一端进行缝合，缝合区域如图所示。

步骤 15

① 将贴边布及贴边衬布分别折叠1cm 并熨烫平整。

② 熨烫好后翻至正面的效果。

③ 将衣身夹在贴边布之间进行缝合。

④ 缝合区域及效果如图所示。

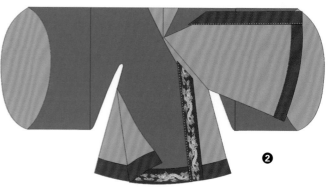

步骤 16

① 以同样的方式继续对贴边布与衣身进行缝合。

② 缝合区域如图所示。

步骤 17

① 将袖缘贴边两端缝合在一起，使袖缘贴边呈环形。

② 将袖缘贴边夹在袖口处并缝好，缝合区域及效果如图所示。

步骤 18

① 参照衣襟角度，对贴边布进行裁剪。

② 裁剪方式如图所示。

③ 裁剪好的效果如图所示。

④ 将贴边布与贴边衬里分别折叠 1cm 并熨烫平整。

⑤ 对贴边布两端进行缝合，缝合区域如图所示。

⑥ 缝好后翻至正面，并将其与衣身缝合在一起。

⑦ 缝合区域及效果如图所示。

步骤 19

① 缝制 4 条系带，每条系带长约 40cm。

② 衣身合上时系带缝合位置如图所示。

③ 衣身打开时系带缝合位置如图所示。

步骤 20

缝好之后熨烫平整。至此，翟服大袖衫制作完成。

一片式翟服褶裙

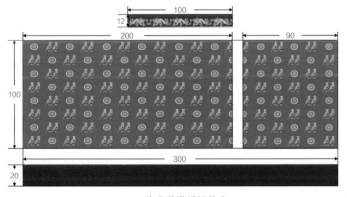

一片式翟服褶裙尺寸

裙片正面色彩	
裙片反面色彩	
裙头、下摆正面色彩	
裙头、下摆反面色彩	

单位：cm

（此款版型尺寸参考身高为 170cm。）

面料：醋酸缎　　衬里：富贵绸　　工艺：数码印花

步骤 1

① 对裙片布进行缝合。

② 缝合区域如图所示。

步骤 2

缝好之后用拷边机进行锁边。

步骤 3

① 对裙片布进行包边缝合。

② 缝合区域如图所示。

步骤 4

缝合完成后翻至正面的效果。

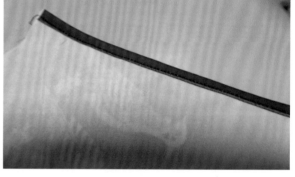

步骤 5

缝合完成后翻至反面的效果。

步骤 6

① 为裙片布打褶并将其熨烫平整。

② 打褶方式如图所示。

步骤 7

① 熨烫好之后缝合加固。

② 缝合区域如图所示。

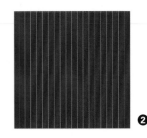

步骤 8

缝好之后熨烫平整。

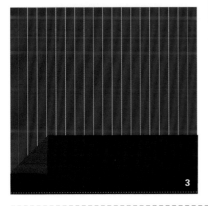

步骤 9

① 对裙下摆布进行打褶。

② 打褶完成后进行缝合。

③ 对下摆布与裙片进行缝合。

④ 缝好后用拷边机锁边。

⑤ 完成后展开的效果。

步骤 10

① 对下摆打褶布进行包边缝合。

② 缝合区域如图所示。

步骤 11

缝好之后熨烫平整。

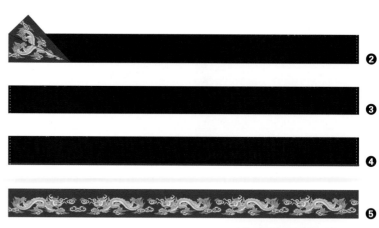

❷

❸

❹

❺

步骤 12

① 将裙片布夹在裙头布之间进行缝合。

② 将裙头布正面相对并进行缝合，缝合区域如图所示。

③ 继续进行缝合，如图所示。

④ 将上下两层分别折叠1cm后熨烫平整。

⑤ 熨烫好后翻至正面的效果如图所示。

⑥ 用裙头布夹住裙片布进行缝合。

❻

步骤 13

① 在裙头布上缝制系带。

② 每条系带长约50cm，缝合位置如图所示。

❶

❷

步骤 14

缝好后熨烫平整。至此，一片式翟服褶裙制作完成。

翟服蔽膝

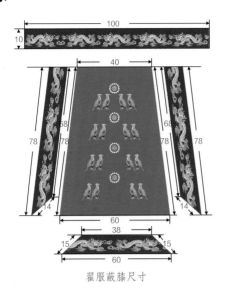

翟服蔽膝尺寸

色块	说明
	蔽膝正面色彩
	蔽膝反面色彩
	蔽膝衬里正面色彩
	蔽膝衬里反面色彩
	腰带、蔽膝贴边正面色彩
	腰带、蔽膝贴边反面色彩

单位：cm

（此款版型尺寸参考身高为170cm。）

面料：醋酸缎　　衬里：富贵绸　　工艺：数码印花

步骤1

① 将蔽膝衬里布和蔽膝布反面相对并进行缝合。

② 缝合宽度约1cm。

③ 缝合区域如图所示。

❷

❸

❶

❷

❸

步骤 2

① 对蔽膝贴边进行包边。

② 准备好蔽膝贴边，如图所示。

③ 对下摆贴边与一侧贴边进行缝合。

④ 对下摆贴边与另一侧贴边进行缝合。

⑤ 缝合完成后展开效果如图所示。

⑥ 包边布在蔽膝贴边反面的缝合区域如图所示。

⑦ 包边布在蔽膝贴边正面的包边位置如图所示。

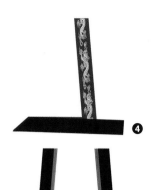

步骤 3

① 将贴边缝在蔽膝布上。

② 缝合区域如图所示。

③ 蔽膝的正反面关系如图所示。

步骤 4

① 对蔽膝布外轮廓进行包边缝合。

② 包边布在蔽膝反面的缝合区域如图所示。

③ 包边布在蔽膝正面的缝合区域如图所示。

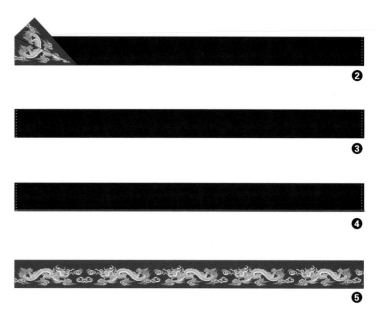

❷

❸

❹

❺

步骤 5

① 将蔽膝布夹在腰带布之间进行缝合。

② 将腰带布正面相对并进行缝合。

③ 继续缝合腰带布另一端。

④ 将腰带布上下两层分别折叠 1cm 并熨烫平整。

⑤ 熨烫好后翻到正面的效果。

⑥ 用腰带布夹住蔽膝布进行缝合，缝合区域如图所示。

❻

步骤 6

缝制两条系带。每条系带长约 50cm。

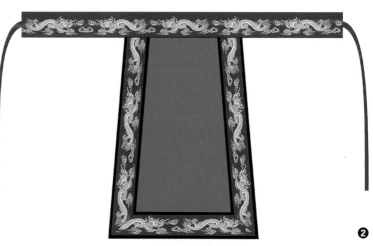

步骤 7

① 在腰带布两侧缝系带。

② 系带缝合位置如图所示。

至此，翟服蔽膝制作完成。

❷

翟服大带

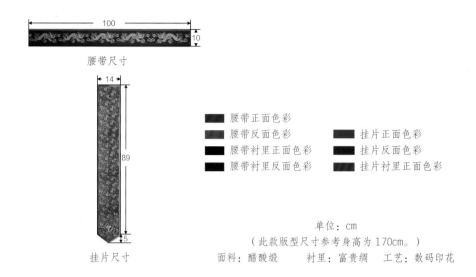

腰带尺寸

挂片尺寸

■ 腰带正面色彩
■ 腰带反面色彩
■ 腰带衬里正面色彩
■ 腰带衬里反面色彩

■ 挂片正面色彩
■ 挂片反面色彩
■ 挂片衬里正面色彩

单位：cm
（此款版型尺寸参考身高为170cm。）

面料：醋酸缎　　衬里：富贵绸　　工艺：数码印花

步骤1

① 将挂片与挂片衬里布正面相对并进行缝合。

② 挂片与挂片衬里布的正反关系如图所示。

③ 缝合宽度约为1cm。

④ 缝合区域如图所示。

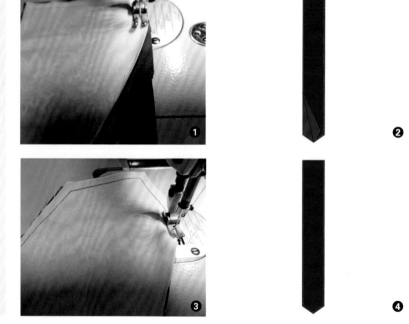

步骤2

缝好之后翻至正面的效果。

步骤 3

① 将挂片熨烫平整。

② 熨烫好的效果。

步骤 4

缝制两条系带。每条系带长约 50cm。

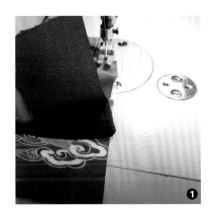

步骤 5

① 将系带夹在腰带布之间进行缝合。

② 缝合位置如图所示。

步骤 6

① 缝好之后翻至正面并熨烫平整。熨烫好之后，将两层腰带布分别向内折叠 1cm 并熨烫平整。

② 腰带效果如图所示。

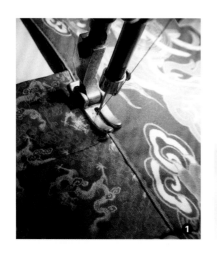

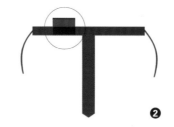

步骤 7

① 将挂片夹在腰带之间进行缝合。

② 图中圆圈中的区域展示的是腰带内部的结构关系。

③ 大带缝合完成的效果。

步骤 8

缝好之后熨烫平整。

步骤 9

熨烫好后，将其铺开的效果。

宋代服装参考纹样

第六章

明代服装

明代服装概述

　　明代女装流行衣掩裙形式，其中常见的"袄裙"是明代女装的通称，即上袄加下裙的搭配方式，并不是单指某一件衣服。本章中的"袄"指的是交领或盘领女式上衣，"裙"指的是马面裙。

　　早期汉服上衣多称"襦"，魏晋以后也称"袄"或"衫"。现在一般认为上身较长并遮住裙腰的服装为袄裙，而需要把衣服塞到裙腰里的服装为襦裙，两者都属于襦裙体系。而明制袄裙独具特色，属于中腰襦裙体系，为典型的上衣下裳制。外衣的衣袖多为收袖口的琵琶袖，可搭配较窄的袖缘，领子一般加白色护领，下裳可以是马面裙，也可以是普通襦裙，如果将袄裙的上衣加长，直至超过膝盖的可以称"大袄"。为了便于活动及穿着美观，袄裙的上衣两侧都是开衩的，一般开到胯部。

　　圆领外衣是汉服体系中不可缺少的重要样式。明制盘领是圆领的一种，由隋唐圆领演变而来。盘领大袄可做女子的礼服，衣袖一般为琵琶袖或广袖，两侧开衩，下身搭配马面裙或襦裙。制作精美的红色盘领大袄搭配红裙可作为女子嫁衣。

　　马面裙，又名马面褶裙，中国古代女子主要裙式之一，前后里外共有 4 个裙门，两两重合，以绳或纽固结。

　　马面裙是明清时期女子着装最典型的款式之一。它的风格由明代的清新淡雅到清代的华丽富贵，再到民国时期的秀丽质朴，经历了一系列变化，但它的马面结构一直存在。

　　"马面"一词较早出现在《明宫史》中："曳撒，其制后襟不断，而两傍有摆，前襟两截，而下有马面褶，往两旁起。"但马面裙的历史可以追溯到宋代，因为宋代的裙子已经具有马面裙的马面形制了。

　　明制马面裙一般采用 7 幅布幅，每 3 幅半拼成一片裙幅，两片裙幅围合成裙子；裙子前后重叠的 4 个裙门

保持平整，两侧打活褶，褶子大而疏，用异色的裙腰固定，裙腰两端缝有系带；裙摆宽大，摆幅上以织或绣的形式缀饰底翈或膝襕。裙襕的纹饰往往采用寓意丰富的吉祥图案，官宦之家的女性则用更加讲究的龙纹、云蟒纹等。马面结构和裙襕的组合使马面裙变化丰富、摇曳多姿。

马面裙其实是由两片加工好的裙片组成的，通过裙腰连在一起，但两片裙片只是部分重叠，并不直接缝合在一起。褶子根部缝到裙腰里，裙腰两端均须缝系带。马面裙穿法是围合式的，穿上身后不打褶的部分是重合的，而打褶的部分会自然散开，褶子的数量和尺寸要根据实际腰围来确定。

明代秦良玉平金绣蟒袍

太湖流域出土的明代早期女性服装

159

马面裙

马面裙裙头尺寸

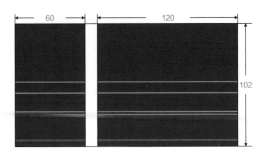

马面裙裙片尺寸

单位：cm
（此款版型尺寸参考身高为165cm。裙片同尺寸各裁2片。）
面料：高密织锦　衬里：富贵绸　工艺：提花

■ 裙头、裙片正面色彩
■ 裙头、裙片反面色彩
■ 衬里正面色彩
■ 衬里反面色彩

步骤1

将衬里和裙片反面相对，并将衬里裁剪成与裙片相同的尺寸。

步骤2

① 对裙片侧缝进行缝合。
② 缝合区域如图所示。

步骤 3

① 对衬里侧缝进行缝合。

② 缝合区域如图所示。

步骤 4

① 将其中一片裙片与衬里正面相对并进行缝合。

② 缝合区域如图所示。

步骤 5

将侧缝熨烫平整。

步骤 6

将裙片翻至正面后熨烫平整。

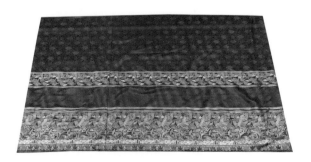

步骤 7

熨烫完成后，将裙片铺开，正面效果如图所示。

步骤 8

熨烫完成后，将裙片铺开，反面效果如图所示。

步骤 9

① 将另一片裙片与衬里缝合在一起。

② 缝合区域如图所示。

步骤 10

① 对裙片进行打褶，并用珠针固定褶子。

② 褶子的排列方式如图所示。

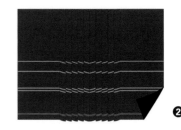

步骤 11

将褶子熨烫平整。

步骤 12

① 将两片裙片部分重叠在一起。

② 裙片的重叠区域如图所示。

步骤 13

将重叠部分掀开的效果。

步骤 14

① 将两片裙片缝合在一起。缝好后拆除珠针。

② 缝合区域如图所示。

 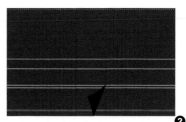

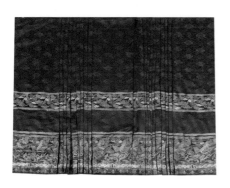

步骤 15

裙片缝好后铺平的效果。

步骤 16

在裙头布上放置胶衬，熨烫，使其更加硬挺。

步骤 17

① 将裙头布折叠并熨烫平整。

② 裙头布正反关系及折叠位置如图所示。

③ 折叠后效果如图所示。

步骤 18

① 将裙头布正面相对并进行缝合。

② 缝合区域如图所示，从右侧掀开位置可以看到裙头布正反关系。

步骤 19

① 缝好后翻至正面，将上下两层分别向内侧折叠 1cm 并熨烫平整。

② 折叠区域如图所示。

步骤 20

裙头熨烫完成后铺平的效果如图所示。

步骤 21

缝制两条系带，每条系带长度约为 80cm。

步骤 22

① 将裙片夹在裙头布之间进行缝合。

② 缝合区域如图所示。

步骤 23

① 将系带缝在裙头处。

② 缝合位置如图所示。

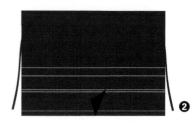

步骤 24

将系带反面相对折叠后进行缝合固定。至此，马面裙制作完成。

明代女式琵琶袖交领短袄

单位：cm

（此款版型尺寸参考身高为170cm，衬里布与衣身布尺寸相同。）

面料：醋酸缎　衬里：富贵绸　工艺：数码印花

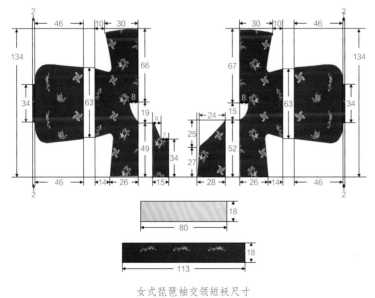

衣身、领子正面色彩

衣身、领子反面色彩

领子贴片正面色彩

领子贴片反面色彩

衬里正面色彩

衬里反面色彩

女式琵琶袖交领短袄尺寸

步骤 1

在领子贴片上放置胶衬，熨烫，使其更加硬挺。

步骤 2

在领子布上放置胶衬，熨烫，使其更加硬挺。

步骤 3

① 将领子贴片的四条边朝反面折叠 1cm 并熨烫平整。

② 折叠区域如图所示。

步骤 4

熨烫完成后翻至反面的效果。

步骤 5

熨烫完成后翻至正面的效果。

步骤 6

将领子贴片放在领子布上，效果如图所示。

步骤 7

① 将领子贴片缝在领子布上。

② 缝合效果如图所示。

步骤 8

① 对衣身后中缝进行缝合。

② 缝合区域如图所示。

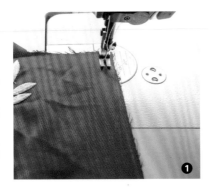 

步骤 9

① 对衣身侧襟进行缝合。

② 衣身左侧前襟缝合区域如图所示。

③ 衣身右侧衣襟缝合区域如图所示。

 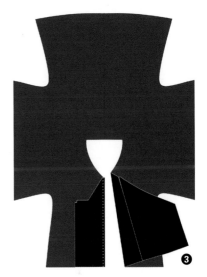

步骤 10

① 将衣袖与衣身缝合在一起。

② 缝合区域及效果如图所示。

步骤 11

缝好后将衣身熨烫平整。

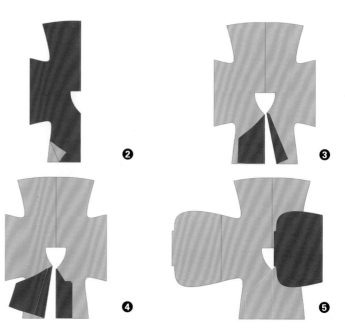

步骤 12

① 对衬里进行缝合。

② 衬里后中缝缝合区域如图所示。

③ 衬里一侧前襟缝合效果。

④ 衬里另一侧衣襟缝合效果。

⑤ 衣袖缝合区域及缝合效果。

步骤 13

缝好后将衬里熨烫平整。

步骤 14

① 将领子布对折后熨烫平整。将领子布边缘朝反面折叠后熨烫平整。

② 折叠区域及正反关系如图所示。

③ 领子布的折叠及熨烫效果如图所示。

步骤 15

缝制 6 条系带。每条系带长度约为 35cm。

步骤 16

将衣身布正面相对，从袖口处开始对侧缝进行缝合。

步骤 17

① 在缝合右侧衣身侧缝时缝两条系带。

② 侧缝缝合区域如图所示，图中侧缝处红色标注处为系带缝合位置。

③ 缝好后翻至正面的效果。

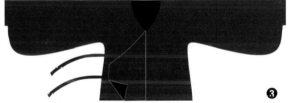

步骤 18

在腋下位置开三个口，使衣袖转折处更自然。

步骤 19

对衬里侧缝进行缝合。

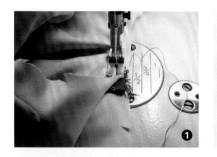

步骤 20

① 在衬里左侧侧缝处缝一条系带。

② 侧缝缝合区域如图所示，图中侧缝处红色标注处为系带缝合位置。

③ 缝好后翻至正面效果如图所示。

步骤 21

将衣身及衬里熨烫平整。

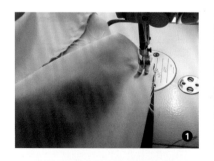

步骤 22

① 将衣身与衬里正面相对，对底摆、袖口、侧襟进行缝合。

② 前衣身缝合区域如图所示，图中红色标注处为系带缝合位置。

③ 后衣身缝合区域如图所示。

步骤 23

缝好后翻到正面并熨烫平整。

步骤 24

熨烫完成后铺开的效果。

步骤 25

① 将领口位置的衣身和衬里缝合在一起。

② 缝合区域如图所示。

步骤 26

① 将领子布与领口相对。

② 将领子布两端多余部分裁掉，使领子布与前襟呈一条直线。

步骤 27

① 裁掉多余部分后实拍效果。

② 裁剪好的效果。

③ 领子布两端裁好的效果。

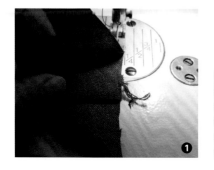

步骤 28

① 将领子布正面相对并夹住一条系带进行缝合。

② 系带缝合区域及效果如图所示，左侧掀开部分像右侧一样进行缝合。

步骤 29

缝好后实拍效果。

步骤 30

① 缝好后翻至正面的效果。

② 翻至正面的整体效果。

步骤 31

① 用领子布夹住领口进行缝合。

② 缝合完成的效果。

③ 缝合完成后，将衣身掀开的效果。

步骤 32

缝合完成后熨烫平整。至此，女式琵琶袖交领短袄制作完成。

明代女式琵琶袖盘领大袄

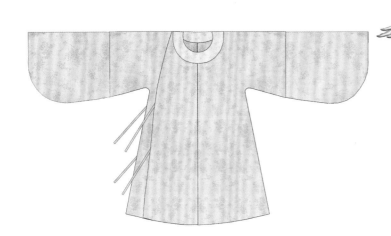

单位：cm

（此款版型尺寸参考身高为165cm。）

面料：提花绸　　衬里：富贵绸

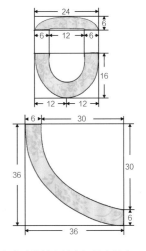

 衣身、衣领正面色彩

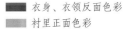 衣身、衣领反面色彩

 衬里正面色彩

衬里反面色彩

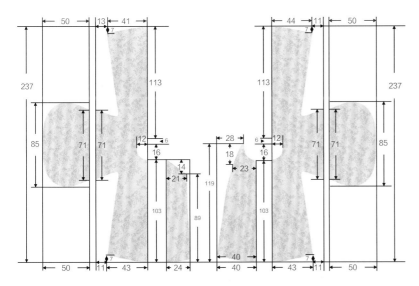

女式琵琶袖盘领大袄尺寸

（注：领边与大袄尺寸图比例不同。）

女式琵琶袖盘领大袄领边尺寸

步骤 1

① 对衣身后中缝进行缝合。

② 缝合位置如图所示。

步骤 2

① 将左前襟和衣身缝合在一起。

② 缝合位置如图所示。

步骤 3

① 将右前襟和衣身缝合在一起。

② 缝合位置如图所示。

步骤 4

① 将衣袖和衣身缝合在一起。

② 缝合位置如图所示。

步骤 5

① 对衬里布的后中缝、前襟进行缝合。

② 缝合效果。

步骤 6

对衬里的衣袖进行缝合。

步骤 7

将衣身熨烫平整。

步骤 8

将衬里熨烫平整。

步骤 9

在衣领布上放置胶衬，熨烫，使其更加硬挺。

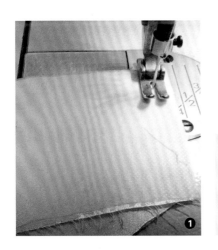

步骤 10

① 对衣领布进行缝合。

② 缝合完成后将衣领上翻效果。

③ 衣领平铺后部分掀开效果。

步骤 11

缝制两段扣带。

步骤 12

将扣带夹在衣领的一端进行缝合。

步骤 13

① 将系带夹在衣领内外两层之间进行缝合。系带制作方法见第一章，这里不赘述。

② 缝合效果如图所示。

步骤 14

① 将衣领上下两层正面相对，对衣领两端进行缝合。

② 缝合方式如图所示。

步骤 15

缝好后将衣领翻至正面的效果。

步骤 16

缝好之后熨烫平整。

步骤 17

熨烫完成的效果。

步骤 18

① 对衣领下端进行缝合。

② 缝合区域如图所示。

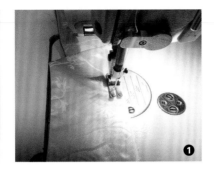

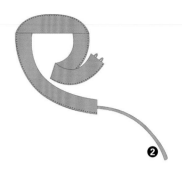

步骤 19

① 将衣领与衣身缝合在一起。

② 从右侧前襟开始缝合。

③ 继续进行缝合。

④ 缝至左侧衣襟。

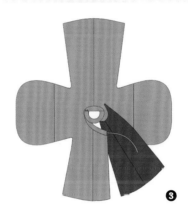

步骤 20

缝好后熨烫平整。

步骤 21

从左侧袖口位置开始向侧缝方向进行缝合。

步骤 22

① 缝至侧缝位置时，在侧缝处缝
一条系带。

② 系带缝合位置如图所示。

步骤 23

从右侧袖口位置开始对右侧缝进行缝合。

步骤 24

① 在右侧缝缝合两条系带。

② 系带缝合位置如图所示。

步骤 25

① 对衬里布侧缝进行缝合。

② 缝合区域如图所示。

③ 缝合完成后翻至正面的效果。

步骤 26

在衬里右侧侧缝处留开口位置，与外层衣身左侧侧缝系带的位置一致。

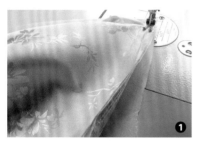

步骤 27

① 对衬里与衣身的衣领、袖口、底摆及侧衣襟进行缝合。

② 前衣身与衬里的缝合区域如图所示。

③ 后衣身与衬里的缝合区域如图所示。

④ 缝好后翻至正面的效果。

步骤 28

缝合完成后将衣袖熨烫平整。

步骤 29

将衣领熨烫平整。

步骤 30

衣领在衬里处的效果。

步骤 31

① 将左侧侧缝处的系带从衬里的开口位置穿过。

② 穿过的效果。

步骤 32

① 将衬里侧襟与衣身侧襟的上端止口相对开进行缝合。

② 缝合效果如图所示。

步骤 33

① 将衣襟和衣襟衬里分别向内折叠1cm，并夹住两条系带进行缝合。

② 缝合区域如图所示。

步骤 34

系带缝合的效果。

步骤 35

缝好之后熨烫平整。至此，琵琶袖盘领大袄制作完成。

第七章

清代服装

清代汉女袄裙套装

清代汉女服装概述

清代是由满族统治的多民族大融合的朝代，也是中国最后一个封建王朝。在"男从女不从"（即要求汉族男子剃头梳辫子、穿满服，妇女则可穿汉服）的规范下，清代汉女服饰基本保留了本民族服装特色。后妃命妇仍承明俗，以凤冠霞帔作为礼服，普通妇女则穿披风、袄裙。

可以将清朝汉女服饰分为两个阶段，乾隆以前和乾隆以后。乾隆以前汉女服饰基本沿用前明形制，甚至命妇服饰也沿用明制，只是袖口比明制的略小。乾隆中晚期汉女服饰开始变化，到嘉庆年间，我们现在所认识的晚清汉女服饰的特征出现了。

汉族妇女在康熙、雍正时期还保留明代款式，时兴小袖衣和长裙；乾隆以后，衣服渐肥渐短，袖口日宽，再加云肩，花样翻新；到晚清时都市妇女已去裙着裤，衣上镶花边、滚牙子，一衣之贵大都呈现在这上面。

本章清代汉女服装制作案例保留了清代汉女服饰的特点，采用数码印花工艺塑造清代汉女服装的基本纹样形式，但在历史上这些纹样都是绣制而成的。清代汉女马面裙是对明代马面裙的延续，只是样式及纹样更加繁复。虽然清代汉女服饰一直不被传统汉服文化所承认，但其本质上依然带有汉服文化的色彩，所以本书将其收录进来，使大家对中国服饰文化的了解更加完整。

清代汉女盘领大袄

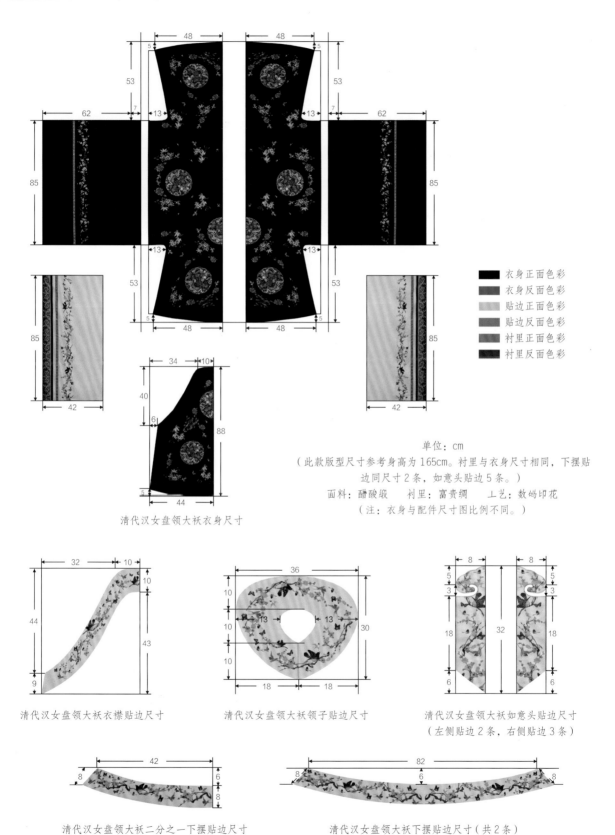

衣身正面色彩
衣身反面色彩
贴边正面色彩
贴边反面色彩
衬里正面色彩
衬里反面色彩

单位：cm

（此款版型尺寸参考身高为165cm。衬里与衣身尺寸相同，下摆贴边同尺寸2条，如意头贴边5条。）

面料：醋酸缎　衬里：富贵绸　工艺：数码印花

（注：衣身与配件尺寸图比例不同。）

清代汉女盘领大袄衣身尺寸

清代汉女盘领大袄衣襟贴边尺寸

清代汉女盘领大袄领子贴边尺寸

清代汉女盘领大袄如意头贴边尺寸
（左侧贴边2条，右侧贴边3条）

清代汉女盘领大袄二分之一下摆贴边尺寸

清代汉女盘领大袄下摆贴边尺寸（共2条）

步骤 1

在贴边上放置胶衬，熨烫，使其更加硬挺。

步骤 2

将贴边周围多余的胶衬剪掉。

步骤 3

如意头贴边处理好的效果。

步骤 4

领子贴边处理好的效果。

步骤 5

① 贴边在衣身上的摆放位置如图
所示。
② 贴边在衣身上的实拍效果。

步骤 6

① 将贴边多余部分剪掉。

② 在裁剪的时候保留1cm的缝头，如图所示。

步骤 7

裁剪完成的实拍效果。

步骤 8

① 将领子贴边在衣身领子处摆放整齐，并对多余部分进行裁剪。

② 领子贴边的摆放位置实拍效果如图所示。

步骤 9

沿领子贴边的画线位置裁开。

步骤 10

① 将衣襟贴边与领子贴边缝合在一起。

② 缝合位置如图所示。

步骤 11

缝好后熨烫平整。

步骤 12

① 将如意头贴边与下摆贴边缝合
在一起。

② 缝合效果如图所示。

步骤 13

缝好后熨烫平整。

步骤 14

领子贴边与衣襟贴边缝好后铺开的
效果。

步骤 15

领子贴边掀开的效果。

步骤 16

① 将包边布与领子贴边反面相对并
缝合在一起。

② 缝合位置如图所示。

步骤 17

① 用包边布包住领子贴边的正面并进行缝合。

② 缝合位置如图所示。

步骤 18

① 如意头和下摆贴边采用同样的方式进行缝合。

② 缝合效果如图所示。

步骤 19

① 对衣身后中缝、前衣身的侧衣片进行缝合。

② 缝合位置如图所示。

步骤 20

缝好后熨烫平整。

步骤 21

缝合完成后将衣身铺开的效果。

步骤 22

① 对如意头贴边进行缝合。

② 如意头贴边缝合完成的效果。

③ 左侧衣身掀开的效果。

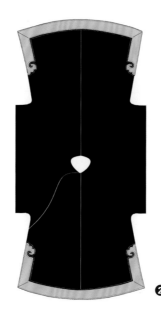

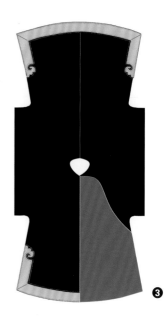

步骤 23

① 对领子贴边进行缝合。

② 领子贴边缝合完成的效果。

③ 左侧衣身掀开的效果。

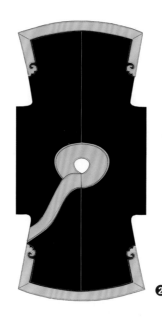

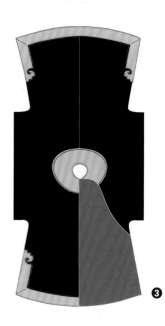

步骤 24

缝好后熨烫平整。

步骤 25

① 围绕贴边区域缝合花边。

② 缝好花边的效果。

③ 一侧衣身掀开的效果。

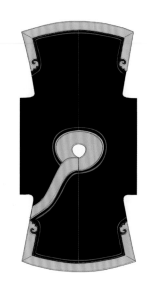

步骤 26

缝好之后熨烫平整。

步骤 27

熨烫完成后衣片打开实拍效果。

步骤 28

熨烫完成后衣片合上实拍效果。

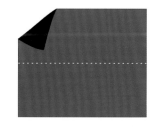

步骤 29

① 将第一层袖片布对折后熨烫平整。

② 沿虚线对折，如图所示。

③ 袖片布的正反关系如图所示。

步骤 30

① 将第二层袖片布熨烫平整并叠放在第一层袖片布上。

② 沿虚线对折，如图所示。

③ 袖片布正反关系如图所示。

④ 将两层袖片布叠放在一起。

步骤 31

① 将第二层袖片布与第一层袖片布上面一层缝合在一起。

② 只缝合第一层袖片布的一层布料。

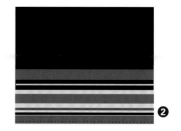

步骤 32

缝合完成的效果。

步骤 33

① 将袖片布与衣身缝合在一起。

② 其中一侧的缝合位置如图所示。

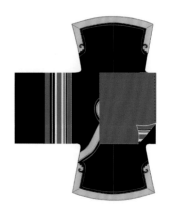

步骤 34

缝合完成的实拍效果。

步骤 35

① 在袖片布与衣身的缝合处缝一条花边。

② 花边缝好的效果如图所示。

步骤 36

缝好花边后的实拍效果。

步骤 37

① 将袖片对齐，对侧缝进行缝合。

② 缝合位置如图所示。

步骤 38

在侧缝处留出开缝位置，并对开缝位置进行加固缝合。

步骤 39

① 缝合衬里。

② 缝合衬里后中缝和衬里前衣身侧片。

③ 缝合侧缝，需要注意的是，衬里的开缝位置与外层面料的开缝位置是相反的，这样将衬里与外层面料缝合后开缝处才会重合。

步骤 40

① 将衬里袖口与衣身袖口正面相对并进行缝合。

② 缝好后的正反效果如图所示。

步骤 41

缝合的时候，衬里袖口与衣身袖口正面相对。

步骤 42

① 将衣身与衬里缝合在一起。

② 缝合位置如图所示，缝合宽度不超过 1cm。

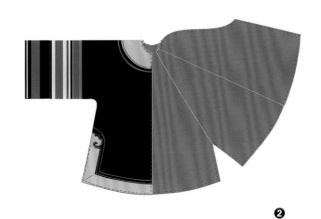

步骤 43

缝好后熨烫平整。

步骤 44

① 对领口、下摆及侧缝进行包边。

② 包边位置和效果如图所示。

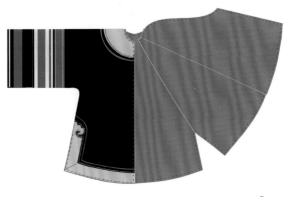

步骤 45

包边完成后熨烫平整。

步骤 46

在大袄上缝盘扣，图中红色标注处为盘扣的大致缝合位置。至此，清代汉女盘领大袄制作完成。

清代汉女马面裙

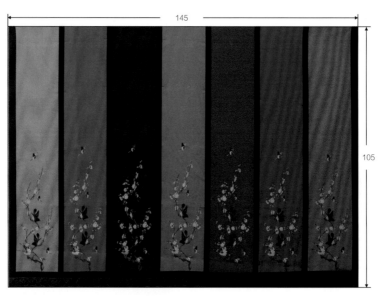

清代汉女马面裙裙片尺寸

单位：cm

（此款版型尺寸参考身高为165cm。衬里与外层面料尺寸相同，同尺寸裙
片、蔽膝、蔽膝贴边及衬里各2片。）

面料：醋酸缎　　衬里：富贵绸　　工艺：数码印花

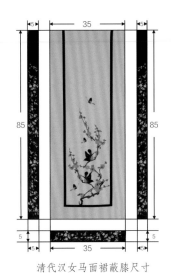

清代汉女马面裙蔽膝尺寸

■ 裙片正面色彩	■ 裙片衬里反面色彩
■ 裙腰反面色彩	■ 挂片正面色彩
□ 裙腰正面色彩	■ 挂片反面色彩
■ 裙片衬里正面色彩	■ 挂片衬里反面色彩

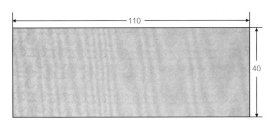

清代汉女马面裙裙腰尺寸

步骤 1

在裙子蔽膝贴边上放置胶衬，熨烫。

步骤 2

熨烫好之后裁剪整齐。

步骤 3

在裙腰布上放置胶衬，熨烫。

步骤 4

① 沿虚线对折。

② 熨烫平整，将多余部分剪掉。

❶

❷

步骤 5

① 裙腰布的正反关系如图所示。

② 熨烫完成后实拍效果。

❶

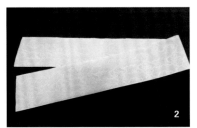

❷

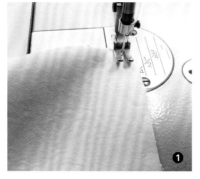

步骤6

① 将裙腰布正面相对并进行缝合。

② 缝合位置如图所示，从右侧掀起位置可以看到正反关系。

步骤7

缝合完成后翻到正面的效果。

步骤8

① 对贴边进行包边。

② 包边位置及效果如图所示。

步骤9

① 对贴边进行缝合。

② 首先对贴边的侧边和底边进行缝合，然后将多余部分剪掉，最后铺平使其呈L形。

步骤 10

裁剪的时候沿缝线保留 1cm 宽度。

步骤 11

① 贴边缝合完成的效果。

② 贴边缝合完成后实拍效果。

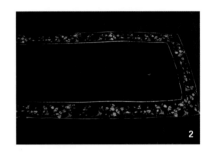

步骤 12

① 将贴边与蔽膝缝合在一起。

② 缝合位置如图所示。

步骤 13

① 对贴边与蔽膝周围进行缝合。

② 缝合位置如图所示。

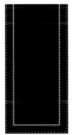

步骤 14

① 将蔽膝与衬里布缝合在一起。

② 蔽膝与衬里布的缝合位置及缝合
关系如图所示。

步骤 15

① 用包边器对蔽膝进行包边。

② 包边位置如图所示。

③ 包边完成的实拍效果。

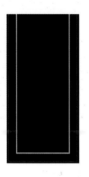

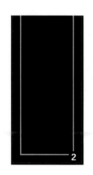

步骤 16

① 将裙片与衬里正面相对并进行缝合。缝好之后翻到正面。

② 缝合位置及正反关系如图所示。缝合宽度为1cm。

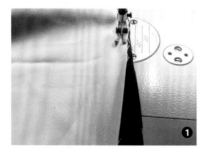

步骤 17

① 为裙片打褶，并熨烫平整。

② 打褶方式如图所示。

步骤 18

两片裙片熨烫完成后的效果。

步骤 19

① 将两片裙片部分重叠，如图所示。
② 将蔽膝部分重叠，效果如图所示。

步骤 20

① 将裙片与蔽膝缝合在一起。
② 缝合位置及缝合效果如图所示，缝合宽度为 1cm。

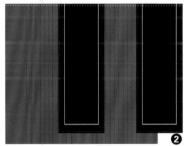

步骤 21

① 将裙片反面与裙腰布正面相对并进行缝合。
② 缝合位置及缝合效果如图所示，缝合宽度为 1cm。

步骤 22

① 将裙腰布翻过来并折叠 1cm 后与裙片缝合在一起。

② 缝合方式及缝合位置如图所示。缝合宽度不超过 0.3cm。

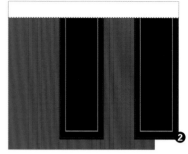

步骤 23

① 在裙腰两侧缝系带。

② 系带缝合位置如图所示。

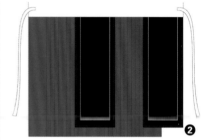

步骤 24

将系带反向折叠后加固缝合。

步骤 25

缝合完成后熨烫平整。至此，清代汉女马面裙制作完成。

清代服装参考纹样

第八章

名画复原服装

《簪花仕女图》套装

《簪花仕女图》概述

　　《簪花仕女图》是唐代周昉绘制的一幅粗绢本设色画，作品现藏于辽宁省博物馆。《簪花仕女图》是周昉贵族人物画风格的代表，体现了贵族仕女养尊处优、无所事事、游戏于花蝶鹤犬之间的生活情态。

　　作品描绘的是六位衣着艳丽的妇女于春夏之交赏花游园的场景。画作不设背景，以工笔重彩绘仕女五人，女侍一人，另有小狗、白鹤及辛夷花点缀其间。全图六个人物的主次、远近安排巧妙，景物衬托少而精。两只小狗、一只白鹤、一株辛夷花使原本显得孤立的人物之间产生了左右呼应、前后联系的关系。半罩半露的透明织衫，使人物形象显得丰腴而华贵。头发的勾染、面部的晕色、衣着的装饰，都极尽工巧之能事，较好地表现了贵族妇女细腻柔嫩的肌肤和丝织物的纹饰。

　　作品从当时社会的现实生活出发，将贵族妇女画得雍容华贵，诠释了闲适的生活，表现出娇、奢、雅、逸的气息和女性柔软、细腻、动人的姿态，赋予作品鲜明的时代感。

　　《簪花仕女图》的独到之处在于精致细腻的画笔，画家以线造型，描绘了妇女身上轻柔透亮的薄纱披肩及薄纱下隐约可见的手臂。衣裙上花纹图案的用笔，信笔而成，使通常流于对称刻板的图案展现出灵巧而生动的活力。

　　在服装的款式上，图中的仕女着装样式基本相同，只是色彩、花纹有所不同。通过对《簪花仕女图》的观察，我们发现仕女所穿的诃子裙质地柔软顺滑，大袖衫呈半透明状，朦胧之间凸显仕女优美的体态。我们无法考究绘画中所用的服装面料，可以结合画中形象与现实的面料特性来选择面料。大袖衫选择真丝雪纺印花面料，呈现与画中相近的半透明感。诃子裙选择30D印花雪纺面料，也可以表现出与画中仕女所着裙子相似的质感。唐代以前的内衣肩部都缀有带子，而唐代出现了一种无带的内衣，称"诃子"。这是其外衣的形制特点所决定的：唐代女子喜穿半露胸式裙装，她们将裙子高束在胸际然后在胸部下方系一阔带。

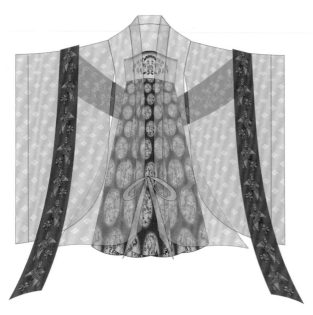

两肩、上胸及后背袒露。

　　按照《簪花仕女图》的描绘，诃子应为无带的胸衣。它可能连在裙子的上半部分，在胸下扎带子固定。而本章的案例中将诃子与下身褶裙结合在一起制作，故名"诃子裙"。

簪花仕女大袖衫

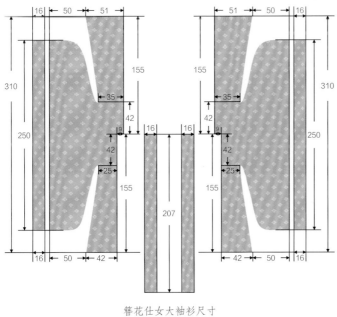

簪花仕女大袖衫尺寸

正面色彩

反面色彩

单位：cm

（此款版型尺寸参考身高为165cm。）

面料：真丝雪纺

步骤 1

① 将衣身反面相对，对后背中缝进行缝合。缝好之后将缝合处裁剪整齐，然后将衣身正面相对并对后背中缝进行缝合。

② 图中黑色粗线标注处为缝合区域，缝合方式为来去缝。

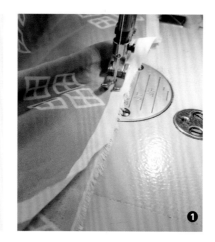

步骤 2

缝好后熨烫平整。

步骤 3

① 用包边压脚对底摆、前襟、部分侧缝进行缝合。

② 图中黑色粗线标注处为包边区域。

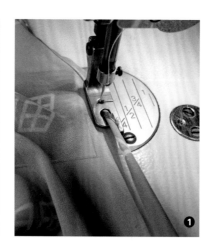

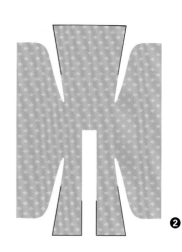

步骤 4

缝好后熨烫平整。

步骤 5

① 从侧缝非包边区域开始，将衣身侧缝前后片缝合在一起。

② 缝合区域如图所示，缝合宽度为1cm。

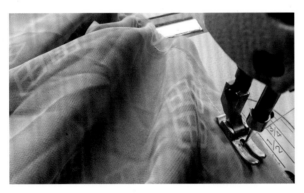

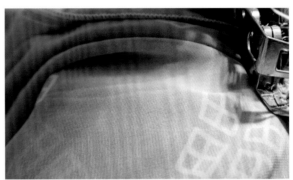

步骤 6

从侧缝位置开始一直缝到袖口位置。

步骤 7

缝好之后用拷边机对缝合区域进行锁边。

步骤 8

① 将衣缘布缝合在一起。

② 缝合区域如图中黑色粗线所示。

步骤 9

① 将衣缘布正面相对并进行缝合。

② 缝合区域如图所示，缝合宽度为1cm。从图中掀起一侧可以看出缝合位置。两侧用同样的方式进行缝合。

步骤 10

缝好之后翻到正面的效果。

步骤 11

从后背中缝开始将衣缘布上下两层分别向内折叠1cm，夹住衣身进行缝合。

步骤 12

缝至前襟包边位置。

步骤 13

① 将剩余部分的衣缘布上下两层缝合在一起。另外一侧衣缘布用同样的方式缝合。

② 衣缘布缝好的效果。

步骤 14

将袖缘布两端缝合在一起，使袖缘布呈环形。

步骤 15

① 将袖缘布上下两层分别向内折叠1cm，夹住袖口进行缝合。

② 袖缘布缝好的效果。

步骤 16

将袖缘、衣缘熨烫平整。

步骤 17

前襟和侧缝开口处的效果如图所示。至此，大袖衫制作完成。

簪花仕女诃子裙

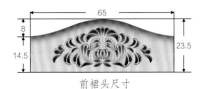

前裙头尺寸

65
8
14.5
23.5

后裙头尺寸

65
20

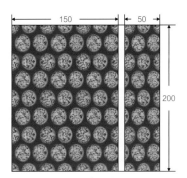

裙布尺寸

150
50
200

单位：cm

（此款版型尺寸参考身高为165cm。裙布同尺寸裁2片，前裙头相同面料、相同尺寸裁2片，其中素色无图案的一片作为衬里。）

裙布、后裙头面料：30D雪纺　前裙头面料：醋酸缎　工艺：数码印花

（注：裙头与裙布尺寸图比例不同。）

■ 前裙头衬里正面色彩
■ 前裙头衬里反面色彩
■ 裙布反面、后裙头反面色彩

步骤 1

将印花前裙头布裁剪整齐。

步骤 2

在前裙头衬里布上放置胶衬，熨烫，使其更加硬挺。

步骤 3

将前裙头衬里布裁剪成与前裙头布相同的尺寸。

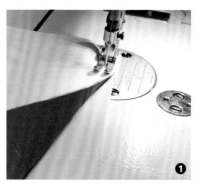

步骤 4

① 将前裙头布与前裙头衬里布正面相对并缝合在一起。

② 缝合区域如图所示，缝合宽度为1cm。

步骤 5

缝制 4 条裙子绑带。每条长度约为 50cm。

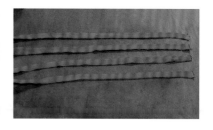

步骤 6

① 将绑带夹在前裙头布之间进行缝合。

② 缝合区域如图所示，从右侧掀起的一角可以看到缝合关系。

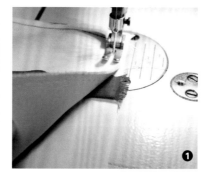

步骤 7

缝好之后翻到正面的效果。

步骤 8

在后裙头布上放置胶衬，熨烫。

步骤 9

将后裙头布对折后进行熨烫，并将边缘裁剪整齐。

步骤 10

① 将绑带夹在后裙头布之间进行缝合。

② 缝合区域及缝合关系如图所示。

步骤 11

缝好之后翻到正面的效果。

步骤 12

将后裙头布向内折叠约 1cm 并熨烫平整。

步骤 13

熨烫好的效果。

步骤 14

将前裙头布向内折叠约 1cm 并熨烫平整。

步骤 15

熨烫好的效果。

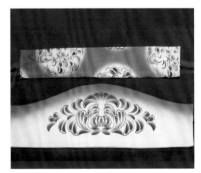

步骤 16

前裙头及后裙头熨烫好的效果。

步骤 17

① 对裙布进行缝合。

② 图中黑色线条标注处为缝合位置。

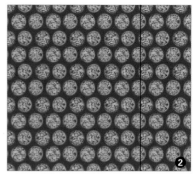

步骤 18

缝好后用拷边机进行锁边。

步骤 19

熨烫平整。

步骤 20

① 对裙布进行打褶、缝合。

② 打褶后裙布宽度与裙头宽度一致，如图所示。

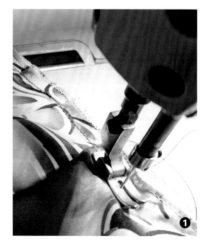

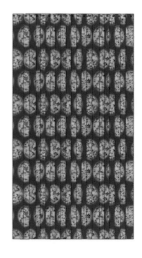

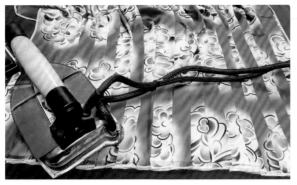

步骤 21

将裙布熨烫平整。

步骤 22

熨烫完成的效果如图所示。前后身裙布均采用同样的方式进行处理。

步骤 23

① 将前后身裙布缝合在一起，并留出开口位置。

② 图中黑色虚线标注处为缝合区域。

步骤 24

① 将开口位置向内折叠约 1cm 并进行缝合，使其更加平整。

② 为了更清晰地展现缝合方式，将花色去掉，缝线位置如图中黑色虚线所示。

步骤 25

缝合完成的效果。

步骤 26

将前身裙布夹在前裙头之间。

步骤 27

① 将前身裙布与前裙头缝合在一起。

② 前身裙布与前裙头的缝合效果
如图所示。

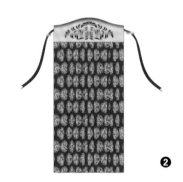

步骤 28

① 用同样的方式将后裙头和后身裙
布缝合在一起。

② 缝合效果如图所示。

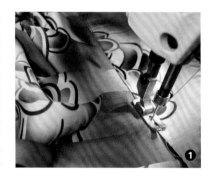

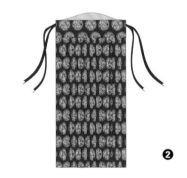

步骤 29

用剪刀对底摆进行裁剪。

①

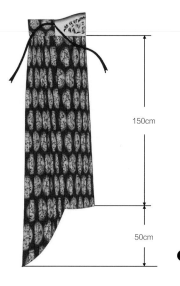

150cm

50cm

②

步骤 30

① 裁剪后铺开的效果如图所示，裙布呈前短后长的效果。

② 裁剪后的尺寸如图所示。

步骤 31

用包缝压脚对底摆进行缝合。至此，诃子裙制作完成。

《都督夫人礼佛图》太原王氏套装

《都督夫人礼佛图》概述

　　《都督夫人礼佛图》是唐代供养人画像中规模最大的一幅，共画了十二个人像，第一身像最大，立粉堆金榜题为"都督夫人太原王氏一心供养"；第二身像较小，墨书"女十一娘供养"；第三身像更小，墨书题"女十三娘供养"。这三人是礼佛图的主人，后面九人为奴婢。这幅画人物造型富有生活气息，无论主人还是奴婢，都具有"曲眉丰颊""丰肌腻体"的"杨贵妃"型特点。但每个人的面容神采又各不相同：主人们雍容华贵，手捧香炉或鲜花，合掌敬礼，流露出恭谨虔诚的姿态；奴婢们则有的捧琴，有的端水瓶，有的两眼前视，有的以纨扇掩面，悠然自得，有的回头顾盼，窃窃私语，与主人的肃穆相比则显得颇为活泼，深刻地表现了生活的真实。这幅画在结构和意境上，人物位置参差错落，人物形象自由活泼，背景上出现了垂柳、萱花、曼陀花，并有蜂蝶绕花飞翔，为庄严静穆的环境增添了生动的情趣，呈现出动静结合、相得益彰的艺术效果。这样的巨型画幅，在敦煌石窟供养人画像中仅此一例。

都督夫人礼佛图（原图）

都督夫人礼佛图（真人复原）

太原王氏垂胡袖上襦

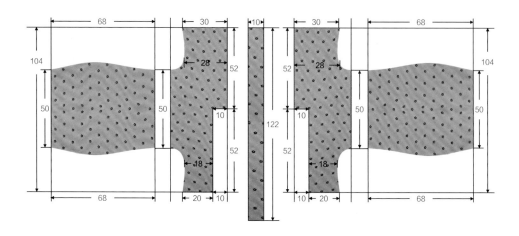

太原王氏垂胡袖上襦尺寸

单位：cm
（此款版型尺寸参考身高为165cm。）
面料：30D雪纺　工艺：数码印花

正面色彩
反面色彩

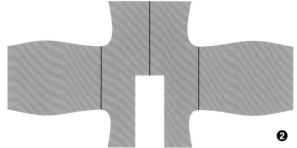

步骤1

① 对衣身的后背中缝、肩缝进行缝合。

② 图中黑线表示缝合区域。

步骤2

用拷边机对缝合处进行锁边。

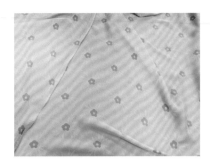
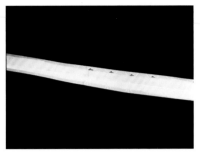

步骤 3

熨烫平整。

步骤 4

在衣缘上放置胶衬,熨烫,使其更加硬挺。将衣缘两边向内折叠1cm并熨烫平整。

步骤 5

将衣缘对折后熨烫平整。

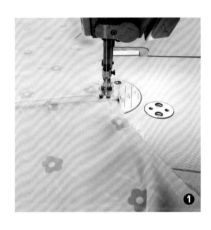

步骤 6

① 对衣身侧缝进行缝合。

② 图中黑色虚线表示缝合区域。

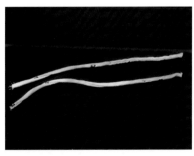

步骤 7

用拷边机对缝合处进行锁边。

步骤 8

缝制两条系带。每条系带长度约为40cm。

步骤 9

将系带熨烫平整。

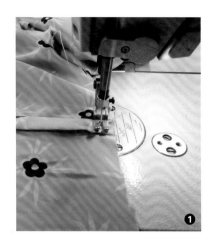

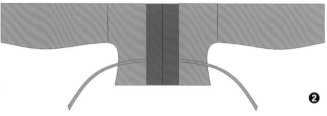

步骤 10

① 将系带缝在前襟处。

② 系带缝合位置如图所示。

步骤 11

将衣身熨烫平整。

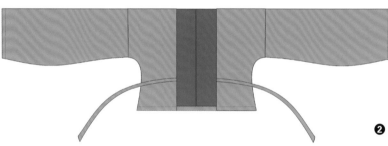

步骤 12

① 对袖口、底摆进行包缝。

② 袖口、底摆的包缝区域如图所示。

步骤 13

底摆、袖口缝好后铺开的效果。

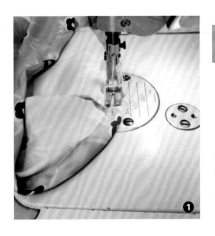

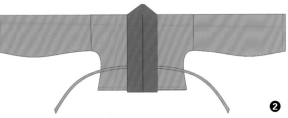

步骤 14

① 将衣缘与衣襟反面相对并进行缝合。

② 缝合效果如图所示，从前襟一侧缝至前襟另一侧。

步骤 15

从前襟底摆开始，将衣缘正面相对并进行缝合。

步骤 16

保留 1cm 并剪掉多余部分。

步骤 17

剪掉多余部分的效果。

步骤 18

衣缘翻到正面的效果。

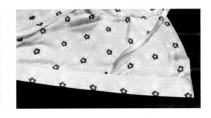

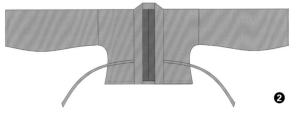

步骤 19

① 继续对衣缘与衣襟进行缝合。

② 缝合效果如图所示。

步骤 20

制作完成后铺平，效果如图所示。

太原王氏直对襟半臂

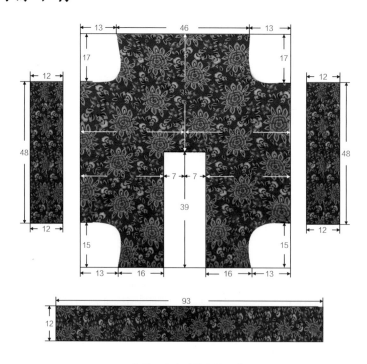

太原王氏直对襟半臂尺寸

单位：cm

（此款版型尺寸参考身高为165cm。）

面料：30D雪纺　工艺：数码印花

■ 正面色彩

■ 反面色彩

步骤 1

在衣缘、袖缘上放置胶衬，熨烫，使其更加硬挺。

步骤 2

将衣缘、袖缘对折后熨烫平整。

步骤 3

① 将衣身侧缝位置留出开缝并进行包缝。

② 图中黑线表示包缝区域。

步骤 4

① 将衣身反面相对，对侧缝进行缝合。

② 缝合区域如图所示。

步骤 5

侧缝缝合完成的效果。

步骤 6

将缝合宽度裁剪至 0.5cm。

步骤 7

① 将衣身正面相对，对侧缝进行缝合，缝合宽度约 1cm。

② 缝合区域如图所示。

❶

❷

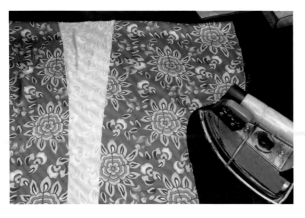

步骤 8

缝好之后熨烫平整。

步骤 9

将底摆向上折叠约 2cm 并缝合固定。

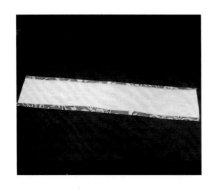

步骤 10

将衣缘和袖缘两边分别向内折叠约 1cm 并熨烫平整，然后对折并熨烫平整。

步骤 11

衣缘和袖缘熨烫完成的效果。

步骤 12

将袖缘两端正面相对并进行缝合。

步骤 13

① 将袖缘缝在袖口处。

② 缝合区域及衣身与袖口的正反关系如图所示。

步骤 14

① 将袖缘折叠后在袖口处进行缝合。

② 缝合区域及衣身与袖口的正反关系如图所示。

步骤 15

缝制两条系带，并将其熨烫平整。

步骤 16

① 将衣缘与衣身底摆错开 1cm 并进行缝合。

② 缝合效果如图所示。

步骤 17

将衣缘正面相对，对前襟底摆进行缝合。

步骤 18

缝好后衣襟与衣缘的效果。

步骤 19

将衣缘翻至正面的效果。

步骤 20

① 对衣襟与衣缘进行缝合。

② 缝合效果如图所示。

步骤 21

制作完成后铺平的效果。

太原王氏曳地两片式褶裙

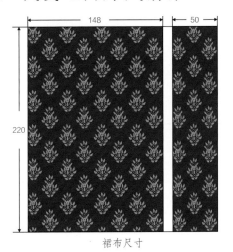

裙布尺寸

裙头尺寸

■ 裙布、裙头反面色彩，裙衬里正面色彩
■ 裙衬里反面色彩

单位：cm

（此款版型尺寸参考身高为165cm。裙布同尺寸各裁2片，裙头同尺寸裁2片。）

面料：30D雪纺　工艺：数码印花

步骤 1

用剪刀裁出裙头布。

步骤 2

在裙头布上放置胶衬，熨烫，使其更加硬挺。

步骤 3

将裙头布折叠后熨烫平整。

步骤 4

用剪刀将裙头布裁剪整齐。

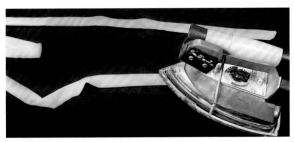

步骤 5

缝制两条绑带并熨烫平整。

步骤 6

① 将绑带置于裙头侧缝处。

② 绑带放置区域如图所示。

步骤 7

① 将裙头正面相对，并夹住绑带进行缝合。

② 缝合区域如图所示，从掀开位置可以看到绑带与裙头的结构关系。

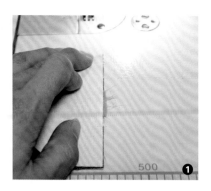

步骤 8

继续对裙头侧缝进行缝合。

步骤 9

① 缝好后翻到正面的效果。

② 裙头缝合完成的效果。

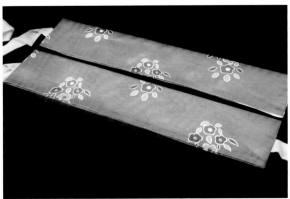

步骤 10
将裙头与裙布的缝合处向内折叠 1cm 并熨烫平整。

步骤 11
以同样的方式制作另外一个裙头并熨烫平整。

步骤 12
① 对裙衬里的侧缝进行缝合，并留出开缝位置。
② 裙衬里缝合区域如图所示。

步骤 13
用拷边机对侧缝缝合处及底摆进行锁边。

步骤 14
将裙衬里底摆朝反面折叠 1cm 并进行缝合。

步骤 15
将底摆熨烫平整。

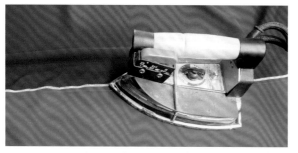

步骤 16

将侧缝缝合处熨烫平整。

步骤 17

将一宽一窄两片裙布缝合在一起，缝合方式参考明代马面裙的裙布缝合方式。对裙布进行打褶、缝合。根据裙头尺寸确定褶子的数量和尺寸，使裙布打褶后的宽度与裙头宽度一致。

步骤 18

① 将打褶处熨烫平整。
② 打褶完成的裙布效果。

步骤 19

将前后身裙布缝合在一起，并在侧缝处留出开缝位置。

步骤 20

缝好后用拷边机进行锁边。

步骤 21

将侧缝缝合处熨烫平整。

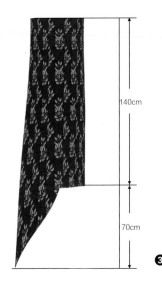

步骤 22

① 用剪刀对底摆进行裁剪。

② 裁剪后底摆呈前身短、后身长的效果。

③ 裙布尺寸比例如图所示。

140cm

70cm

步骤 23

对底摆进行锁边。

步骤 24

将底摆朝反面折叠1cm并进行缝合。

步骤 25

将裙布与裙衬里开缝位置正面相对并进行缝合。

步骤 26

① 裙衬里与裙布的缝合关系如图所示。从掀开的一角可以看到裙衬里与裙布的缝合关系，掀开处也要进行缝合。

② 缝好之后翻至正面的效果。

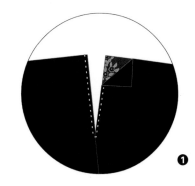

步骤 27

分别将前后身的裙衬里与裙布缝合在一起。

步骤 28

① 将裙布夹在裙头之间进行缝合。

② 裙头与裙布缝好的效果如图所示。

步骤 29

缝合完成后，裙头与裙褶皱处实拍效果如图所示。

步骤 30

缝好之后熨烫平整。

步骤 31

① 另外一个裙头与裙布采用同样的方式进行缝合。

② 裙内侧实拍效果。

③ 裙侧开缝处实拍效果。

至此，太原王氏曳地两片式褶裙制作完成。

《朝元仙仗图》太阴玄和玉女套装

《朝元仙杖图》概述

　　《朝元仙仗图》是北宋画家武宗元所绘制的一幅绢本白描长卷，描绘了五方帝君中的三个帝君前往朝谒天上最高统治者的队仗行列。画家以流利的长线条描绘此图，画中人物栩栩如生，表情生动，不同人物的身份与形态特征鲜明，表现出了帝君的庄严、神将的威武和仙女的丰姿，是白描人物画的代表作。图中神仙共分为四种类型：三位帝君，八名武装神，十名男仙，六十七名女仙。众仙神态从容，衣带随风飘舞，徐徐行进于蜿蜒的廊桥之上。

　　《朝元仙杖图》是一幅白描画，在服装色彩的表现方面给了我们很大的发挥空间。但服装色彩的搭配还是要具备古典的美感，不宜用饱和度过高的色彩，面料上的花纹也要具有时代特征。在这个《朝元仙杖图》服装制作案例中，我们选择制作太阴玄和玉女这个人物的服装。从图中可以看出，太阴玄和玉女的服装主要包含大袖衫、半臂衫、腰裙、褶裙，当然也有中衣、中裤这样的内搭服装。这里主要讲解大袖衫、半臂衫和腰裙的制作。褶裙可以参考《都督夫人礼佛图》案例中褶裙的制作方式。在服装的面料上，大袖衫和半臂衫选择醋酸锻，增强服装的垂感，呈现沉稳大气的感觉。腰裙选择缎面雪纺面料，质感比较轻盈。搭配褶裙，整体服装会呈现上半身沉稳、下半身轻盈的感觉。

　　《朝元仙杖图》中人物着装细节不同，但基本保持同一种风格。学会其中一款服装的制作，举一反三，制作其他人物的服装时只要根据人物服装的细节加以改动即可。

太阴玄和玉女大袖衫

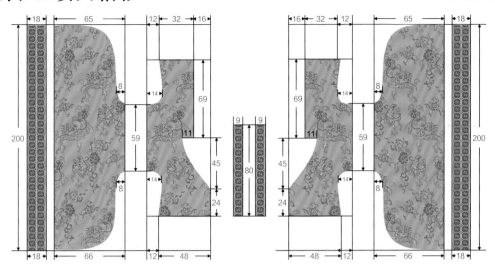

太阴玄和玉女大袖衫尺寸

单位：cm
（此款版型尺寸参考身高为165cm。）
面料：醋酸缎　工艺：数码印花

步骤1

在袖缘衬里上放置胶衬，熨烫，使其更加硬挺。

步骤2

① 将袖缘布与袖缘衬里缝合在一起。

② 图中黑色虚线表示缝合位置，缝合宽度为0.5cm。

步骤 3

缝好后熨烫平整。

步骤 4

将边缘裁剪整齐。

步骤 5

① 将衣身反面相对，对后背中缝进行缝合。

② 图中黑色虚线表示缝合位置，缝合宽度为 0.5cm。

步骤 6

① 将衣身正面相对，对后背中缝进行缝合。

② 图中黑色虚线表示缝合位置，缝合宽度为 1cm。

步骤 7

① 将衣身与衣袖反面相对并进行缝合。

② 图中黑线表示缝合位置。

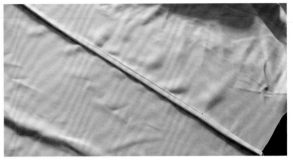

步骤 8

将衣身与衣袖正面相对继续进行缝合。

步骤 9

缝好之后熨烫平整。

步骤 10

① 将衣身反面相对并对侧缝进行缝合。

② 图中黑色虚线表示缝合位置，在左侧衣身腋下位置留出开口位置。

步骤 11

对开口的两端加固缝合。

步骤 12

① 将衣身正面相对，缝合侧缝。

② 图中黑色虚线表示缝合位置，缝合宽度为1cm。

步骤 13

侧缝开口处的缝合效果。

步骤 14

缝好后将侧缝处熨烫平整。

步骤 15

① 将领缘布与领口对齐并进行裁剪。

② 裁剪位置及角度如图所示。

步骤 16

将领缘布正面相对并进行缝合。

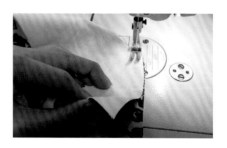

步骤 17

① 缝好之后翻至正面的局部效果。

② 缝好之后翻至正面的整体效果。

步骤 18

将领缘布与领口缝合在一起。

步骤 19

① 从领口一侧缝合至领口另一侧。

② 缝合完成的整体效果。

步骤 20

将袖缘布两端缝合在一起。

步骤 21

袖缘布缝合完成后呈环形，再对内外两层加固缝合。

步骤 22

① 将袖缘布与袖口缝合在一起。

② 袖缘缝合完成的整体效果。

步骤 23

对领缘、袖缘的缝合处，以及前襟、底摆进行锁边。

步骤 24

① 将前襟、底摆向内折叠 1cm 并进行缝合。

② 图中黑色虚线表示缝合区域。

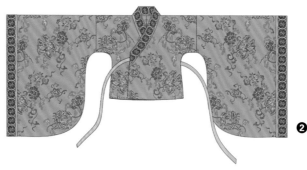

步骤 25

① 在衣缘两端缝合系带。

② 系带的缝合位置如图所示。

步骤 26

将系带折叠后加固缝合。

步骤 27

缝合完成后熨烫平整。

步骤 28

制作完成的效果。

太阴玄和玉女半臂衫

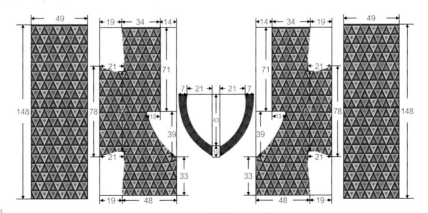

衣身正面色彩
衣身反面色彩
领子正面色彩
领子衬里正面色彩
领子衬里反面色彩

太阴玄和玉女半臂衫尺寸

单位：cm

（此款版型尺寸参考身高为165cm。）

面料：醋酸缎　工艺：数码印花

步骤 1

在领缘衬里布上放置胶衬，熨烫，使其更加硬挺。

步骤 2

① 将领缘衬里布正面相对并进行缝合。

② 图中黑色粗线表示缝合位置。

步骤 3

① 将领缘布正面相对并进行缝合。

② 图中黑色粗线表示缝合位置。

步骤 4

① 将领缘布与领缘衬里布正面相对并进行缝合。

② 图中黑色虚线表示缝合位置。

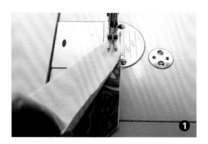

步骤 5

缝好后翻到正面并熨烫平整的效果。

步骤 6

① 对衣身后中缝进行缝合。

② 图中黑色粗线表示缝合区域。

步骤 7

① 对袖片布进行打褶、缝合。

② 图中黑色虚线表示缝合位置，打褶后的袖片布宽度与袖口宽度一致。

步骤 8

① 将袖片布与衣身缝合在一起。

② 图中黑色粗线标注处为缝合位置。

步骤 9

① 将领缘布与领缘衬里布裁剪整齐，并将其与衣身领口缝合在一起。

② 缝合效果如图所示。

步骤 10

用拷边机对袖片布与衣身缝合处进行锁边。

步骤 11

用拷边机对领缘缝合处进行锁边。

步骤 12

将领缘熨烫平整。

步骤 13

将袖片熨烫平整。

步骤 14

对侧缝进行锁边。

步骤 15

① 将前后衣身的侧缝缝合在一起。

② 图中黑色虚线表示缝合位置。

❶

❷

步骤 16

缝合时在左侧腋下留出开口位置。

步骤 17

① 将底摆和侧襟向内折叠 1cm 并进行缝合。

② 图中黑色虚线表示缝合位置。

步骤 18

将侧缝熨烫平整。

步骤 19

缝制两条系带。

步骤 20

① 将系带缝在领缘两端。

② 系带缝合区域如图所示。

步骤 21

将系带反向折叠加固缝合。

步骤 22
制作完成后铺开的效果。

太阴玄和玉女腰裙

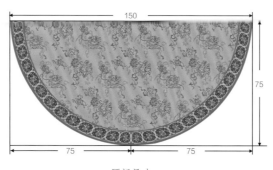

腰裙尺寸

单位: cm

 裙片正面色彩

裙片反面色彩

（此款版型尺寸参考身高为165cm。）

面料：缎面雪纺　衬里：富贵绸　工艺：数码印花

步骤 1
对衬里布进行裁剪，使其与裙片尺寸相同。

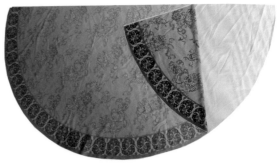

步骤 2
将裙片和衬里布正面相对。

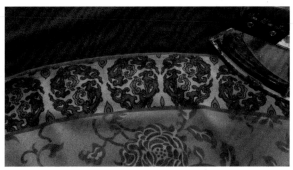

步骤 3

将裙片和衬里布缝合在一起。

步骤 4

缝好后翻到正面并熨烫平整。

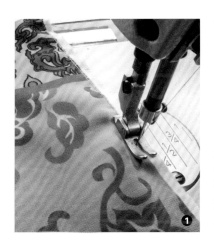

步骤 5

① 将裙片和衬里布反面相对，对裙片与衬里布进行缝合。

② 图中黑色虚线表示缝合区域。缝合宽度不超过1cm。

步骤 6

缝合完成后翻至正面的效果。

步骤 7

缝合完成后翻至反面的效果。

步骤 8

① 腰带布的长度约为 3m。将腰带布对折后熨烫平整。

② 折叠位置如图中虚线所示。

步骤 9

① 将腰带布两端缝合在一起。

② 图中黑色虚线表示缝合位置，从右侧掀起的一角可以看到正反关系。

步骤 10

缝好后翻到正面的效果。

步骤 11

将腰带布与裙片正面相对并进行缝合。

步骤 12

缝至裙片的另一侧。

步骤 13

① 将腰带布一侧两层分别向内折叠 1cm 并进行缝合。

② 图中黑色虚线表示缝合区域。

步骤 14

缝合宽度约 0.2cm。

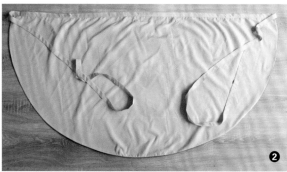

步骤 15

① 制作完成后翻至正面的效果。

② 制作完成后翻至反面的效果。

注：太阴玄和玉女的下裙可以参考第四章唐代褶裙的制作方式，在这里不做赘述。

第九章

仙侠玄幻风服装

仙侠风服装套装

仙侠风服装概述

与传统武侠相比，仙侠更加虚幻缥缈。仙侠作品中，往往有神话成分，角色还会拥有各类法宝、仙器等。

在武侠小说的基础上，现代仙侠作品主要以《山海经》《淮南子》《聊斋志异》等古书为素材，以中国神话传说为参考。近年来，仙侠题材已经从小说改编扩展到仙侠影视、仙侠动漫、仙侠游戏等领域，逐渐形成了独具特色的仙侠文化。

设计制作仙侠风服装时，注意服装要符合角色的设定，而不是追求形制，因为它不属于任何一个特定的时期，完全是架空历史的，不是真实存在的。但在服装的设计制作上一定要体现古典元素。如果人物设定是修仙的道长、师尊等，其服装会更具魏晋时期的风姿；如果人物设定是具有权利的王者、领袖，那么服装往往会从古代帝王冕服上寻找灵感。

本章介绍的这款仙侠风服装的制作具有一定的难度，角色设定是具有王者身份的反派角色。在服装色彩上以黑色为主色调，并搭配金色，面料选择具有挺括感的醋酸缎，制作工艺较为复杂。通过学习这款服装的制作，在遇到同类型角色服装的时候，只要在色彩搭配和细节上加以变化即可。

云肩款直对襟广袖衫

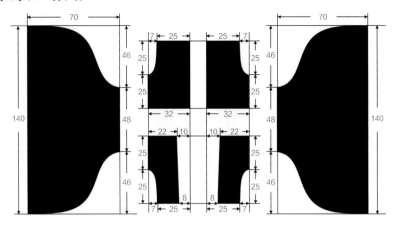

上衣身前身尺寸（同尺寸各裁2片）

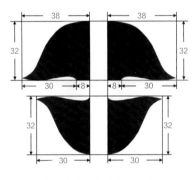

云肩尺寸（同尺寸各裁2片）

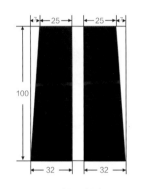

下摆1尺寸

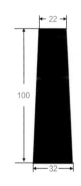

下摆2尺寸（同尺寸裁6片）

单位：cm

（此款版型尺寸参考身高为170cm。）

衣身面料：醋酸缎　云肩面料：皮革　衬里：富贵绸

（注：云肩与其他部分尺寸图比例不同。）

■ 正面色彩
■ 反面色彩

步骤1

用皮革面料裁出上下两层共8片肩部用料。

步骤2

用珠针将绣片固定在面料上。

步骤3

用熨斗在面料反面熨烫。

步骤 4

熨烫好后，拆除珠针的效果如图所示。

步骤 5

在底衬一层的反面放置胶衬，熨烫，使其更加硬挺。

步骤 6

① 分别对上下两层云肩面料进行缝合。

② 将云肩后身部件正面相对并进行缝合，后中缝的缝合宽度为1cm。

③ 将云肩前身与后身正面相对并进行缝合，缝合宽度为1cm。

步骤 7

缝好后，云肩前身部件掀开的效果
如图所示。

步骤 8

缝好后云肩后身的效果。

步骤 9

缝合完成的正面效果。

步骤 10

用包边器进行包边。

步骤 11

包边完成的效果。

步骤 12

将领缘、袖缘的辅料对折后熨烫平整。其长度分别与袖口、领边保持一致。

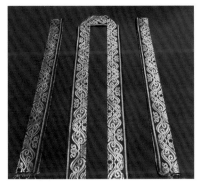

步骤 13

熨烫完成的效果。

步骤 14

用包边器进行包边。

步骤 15

包边完成的效果。

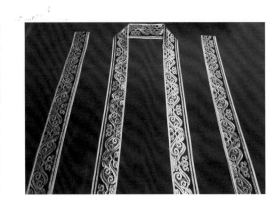

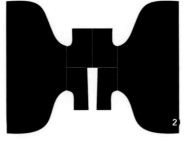

步骤 16

① 对衣身进行缝合。

② 图中灰色线标注处为缝合区域。

③ 将前后衣身正面相对并进行缝合，缝合宽度为1cm。

步骤 17

缝好之后熨烫平整。

步骤 18

用同样的方式，对衬里进行缝合。

步骤 19

将衣身与衬里以反面相对的方式套在一起。然后对袖口、底摆、衣襟进行缝合、锁边。对底摆进行包边。

步骤 20

对下身的布片进行包边。

步骤 21

包边完成后熨烫平整。

步骤 22

熨烫完成的效果。

步骤 23

将布片部分重叠后固定在一起。

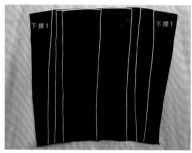

步骤 24

将下摆 1 缝在下摆左右两侧。缝合完成的效果如图所示。

步骤 25

用拷边机对下摆缝合区域进行锁边。

步骤 26

① 将上下衣身缝合在一起。

② 缝合完成的效果。

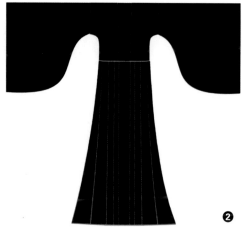

步骤 27

① 将领缘、袖缘分别与衣身缝合在一起。

② 缝合完成的效果。

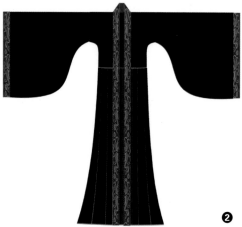

步骤 28

缝好后熨烫平整。

步骤 29

熨烫完成的效果。

步骤 30

将做好的肩部结构与衣身缝合在一起。

步骤 31

云肩款直对襟广袖衫制作完成的效果如图所示。

交领广袖中单

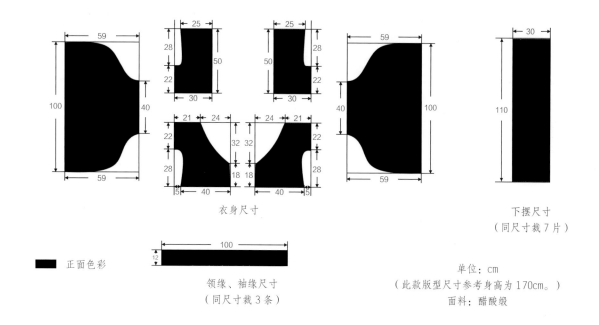

衣身尺寸

下摆尺寸
（同尺寸裁 7 片）

■ 正面色彩

领缘、袖缘尺寸
（同尺寸裁 3 条）

单位：cm
（此款版型尺寸参考身高为 170cm。）
面料：醋酸缎

步骤 1

在袖缘布、领缘布的反面放置胶衬，熨烫，使其更加硬挺。

步骤 2

将布料对折后熨烫平整。

步骤 3

① 熨烫好的效果。
② 用包边器对袖缘进行包边。

步骤 4

① 在领缘两端裁出斜度。

② 用包边器对裁好的领缘进行包边。

③ 领缘包边效果。

④ 领缘和袖缘包边完成的整体效果。

  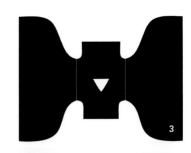

步骤 5

① 对衣身进行缝合。

② 缝合后中缝和肩缝。

③ 缝合衣袖。

④ 将前后衣身正面相对并进行缝合。在左侧腋下留出开口位置。

步骤 6

用拷边机对缝合处、衣襟、袖口、底摆进行锁边。

步骤 7

① 将领缘、袖缘分别与衣身缝合在一起。

② 缝合完成的效果。

步骤 8

① 对下裙布进行缝合。

② 缝好的效果。

③ 用拷边机进行锁边。

④ 将下裙布熨烫平整。

步骤 9

① 对下裙布进行打褶、缝合。

② 打褶时使下裙与上衣下摆宽度保持一致，如图所示。

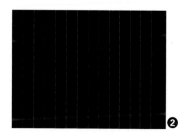

步骤 10

① 将下裙布与上衣身缝合在一起。

② 缝合完成的效果。

步骤 11

① 缝制两条系带。

② 将两条系带分别缝在衣缘两端。

③ 将两条系带折叠后进行缝合加固。

④ 缝合完成的效果。

步骤 12

① 将下裙下摆和前襟折叠后进行缝合，缝合宽度为1cm。

② 缝好后熨烫平整。

③ 缝合完成的效果。

仙侠款蔽膝

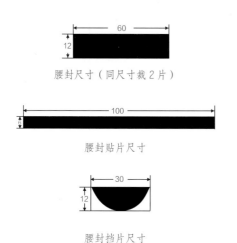

腰封尺寸（同尺寸裁2片）

腰封贴片尺寸

腰封挡片尺寸

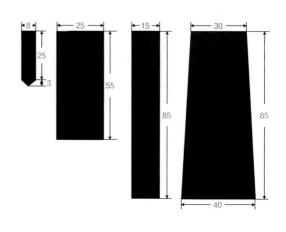

蔽膝尺寸（蔽膝衬里与蔽膝尺寸相同）

■ 正面色彩

单位：cm
（此款版型尺寸参考身高为170cm。）
衣身面料：醋酸缎　云肩面料：皮革　衬里：富贵绸

步骤 1
用珠针将花纹绣片固定在布料上。

步骤 2
用熨斗在布料的背面加热熨烫。

步骤 3
用熨斗在布料的正面加热熨烫。

步骤 4
熨烫好之后将珠针拆除，蔽膝的每一层都采用同样的方式进行处理。

步骤 5
将黑色衬里与熨烫好的布料缝合在一起。

步骤 6
缝合完成的背面效果。

步骤 7

缝好后，蔽膝按顺序排列的效果如图所示。

步骤 8

用包边器对缝好的蔽膝进行包边。

步骤 9

包边完成的效果。

步骤 10

在腰封挡片布料上放置胶衬，熨烫，使其更加硬挺。将腰封挡片布料与衬里缝合在一起。

步骤 11

用包边条对挡片进行包边。

步骤 12

包边完成的效果。

步骤 13

为腰封挡片粘贴绣片，粘贴完成的效果如图所示。

步骤 14

在腰封布上放置胶衬，熨烫，使其更加硬挺。

步骤 15

将腰封贴片布折叠后熨烫平整。折叠、熨烫后的宽度约为 6cm。其长度与腰封长度一致。

步骤 16

用包边条对腰封贴片布进行包边。

步骤 17

包边完成的效果。

步骤 18

将包好边的腰封贴片布与腰封布缝合在一起。

步骤 19

对腰封布进行包边。以同样的方式对另一片没有贴片的腰封布进行包边。

步骤 20

将蔽膝布与没有贴片的腰封布反面相对并进行缝合。

步骤 21

用挡片盖住蔽膝布，并将其与腰封布缝合在一起。

步骤 22

缝制两条绑带。

步骤 23

将绑带夹在上下两层腰封之间进行缝合。

步骤 24

蔽膝缝合完成的效果。

青蛇服装套装

青蛇服装概述

  《白蛇传》是中国四大民间爱情传说之一，起源于唐代，初步定型于明代冯梦龙《警世通言》，盛行于清代，是中国民间集体创作的典范。《白蛇传》描述的是一个修炼成人形的蛇精与人的曲折爱情故事，故事包括篷船借伞、白娘子盗灵芝仙草、水漫金山、断桥、雷峰塔、许仙之子祭塔等情节，表达了人们对男女自由恋爱的赞美和向往，以及想要摆脱封建束缚的愿望。以《白蛇传》为原型的作品包括电影、电视剧、戏曲等表现形式，较具代表性的是电视剧《新白娘子传奇》和电影《青蛇》。在不同的版本中，白蛇和青蛇的人物性格不同，服装样式也不同，其中很大一部分原因是《白蛇传》属于民间传说故事，这就为创作提供了丰富的想象空间，也就是说白蛇和青蛇的服装具有古装的特点，但又不会完全受某个朝代的服装形制所束缚，其中会融入一些设计师的想法。而在白蛇和青蛇这两个角色中，青蛇具有更鲜明的人物性格特点，所以其服装表现形式也具有更广阔的设计空间，可以融入更多的元素。

  这种类型的服装设计和制作一般属于影视服装设计制作的范畴，因此要结合人物性格、历史背景、剧情等诸多元素来完成服装设计。《白蛇传》起源于唐代，初步定型于明代，这里就存在一个问题，以唐代女性服装特点为基础去设计服装行得通，而以明代女性服装特点为基础去设计也有理论支撑，这就涉及一个取舍的问题。经过充分考量，本案例选择以明代服装特点为基础进行设计。为什么故事盛行于清代而不选择以清代服装特点为参考呢？因为以传说形式演绎的故事一般都具有时间久远的特点，所以以清代服装为参考显然有些牵强。在青蛇的服装中，以明代女性服装中比较有代表性的褙子为原型进行设计，主色调为青色、绿色等，色彩明快。面料选择高密度仿真丝雪纺，质感灵动，使服装给人一种垂感十足且飘逸的感觉。

青蛇广袖褙子衫

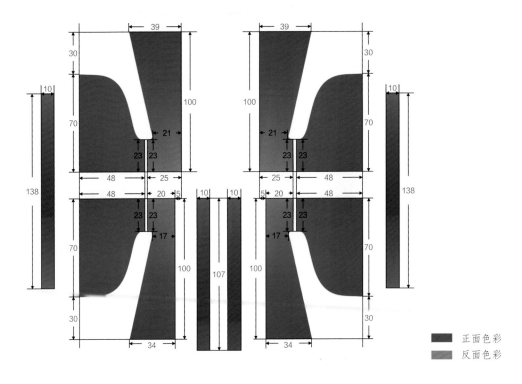

青蛇广袖褙子衫尺寸

单位: cm

（此款版型尺寸参考身高为165cm。）

面料: 30D雪纺

正面色彩

反面色彩

步骤1

① 将前后两片袖片正面相对，并对中缝进行缝合。

② 缝合宽度为1cm。

步骤2

① 将前后衣身正面相对，并对肩缝进行缝合。

② 缝合宽度为1cm。

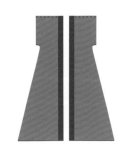

步骤 3

① 将左右两侧衣身正面相对，并对后中缝进行缝合。

② 缝合宽度为 1cm。

步骤 4

用拷边机对所有缝合处进行锁边。

步骤 5

① 将衣袖和衣身正面相对并进行缝合，缝合宽度为 1cm。

② 图中左侧衣袖处展示的是缝好后展开的效果，右侧衣袖处展示的是缝好后在缝合位置折叠起来的效果。

步骤 6

缝好后用拷边机进行锁边。

步骤 7

将缝合处熨烫平整。

步骤 8

用拷边机对衣身的侧缝、底摆进行锁边。

步骤 9

① 将前后衣身正面相对，从袖口开始朝底摆方向缝合。

② 缝合宽度为 1cm。

步骤 10

缝至距离底摆约 40cm 处收尾。

步骤 11

① 将粘贴好胶衬的贴边对折后熨烫平整。

② 将贴边反面相对对折。

步骤 12

① 将衣缘布正面相对并进行缝合。

② 缝合宽度为 1cm。

步骤 13

缝好后翻至正面并整理平整。

步骤 14

① 将衣缘贴边上下两层侧面缝合加固。

② 衣缘布缝合完成的效果。

步骤 15

① 将衣襟处的底摆由内向外翻出约1cm 包住衣襟贴边并进行缝合。

② 图中黑色虚线表示缝合位置。

步骤 16

① 在袖缘布上放置胶衬，熨烫。将袖缘布正面相对并进行缝合，缝合宽度为1cm，再将袖缘布对折后熨烫平整，并缝合加固。

② 将袖缘布与袖口缝合在一起。缝合宽度为1cm。

步骤 17

用拷边机对缝合处进行锁边。

步骤 18

用缝纫机对底摆进行缝合。

步骤 19

① 对侧缝进行缝合。

② 图中黑色虚线表示缝合区域，缝合宽度为 1cm。

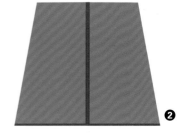

步骤 20

底摆与侧缝缝好的效果。

步骤 21

将衣身、领缘、袖缘等熨烫平整。

步骤 22

制作完成的效果。

青蛇一片式褶裙

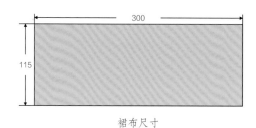

300

115

裙布尺寸

100

26

裙头尺寸

☐ 裙头正面色彩
▨ 裙头反面色彩
▨ 裙布正面色彩
■ 裙布反面色彩

单位：cm
（此款版型尺寸参考身高为165cm。）
面料：30D雪纺

步骤1

用拷边机对裙布四周进行锁边。

步骤2

对裙布进行打褶，将裙布对折后从上向下缝合约20cm。

步骤3

以同样的方式缝合20个褶子，每两个褶子之间间隔10cm。

步骤 4

① 将每个褶子一分为二后与相邻褶子进行缝合。

② 打褶方式如图所示，形成工字形效果。

步骤 5

缝好后熨烫平整。

步骤 6

① 缝制两条系带。

② 系带缝合角度如图所示，每条系带长度约为 100cm。

步骤 7

将系带翻到正面的效果。

步骤 8

将系带熨烫平整。

步骤 9

① 将裙头布正面相对，并将系带夹在裙头布之间进行缝合。

② 系带的缝合位置如图所示，缝合宽度为1cm。

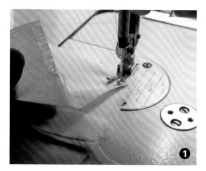

步骤 10

缝好之后翻至正面的效果。

步骤 11

将裙布两侧及底摆折叠约1cm并缝合固定。

步骤 12

将裙头布朝反面折叠约1cm并用熨斗熨烫平整。

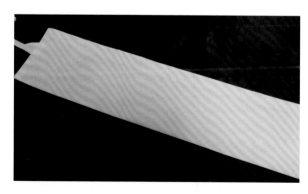

步骤 13

裙头布熨烫完成的效果。

步骤 14

将裙布的四周熨烫平整。

步骤 15

① 将裙布夹在裙头布之间。

② 用压脚压住固定。

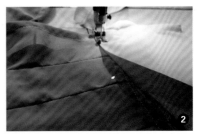

步骤 16

将裙布与裙头布缝合在一起。

步骤 17

缝好后熨烫平整。

步骤 18

制作完成的效果。

青蛇窄袖中衣

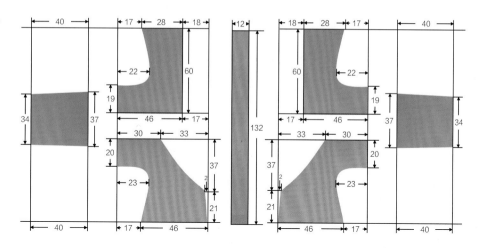

窄袖中衣尺寸

单位：cm

（此款版型尺寸参考身高为165cm。）

面料：30D雪纺

正面色彩
反面色彩

步骤 1

① 对背缝和肩缝进行缝合。

② 图中黑色粗线标注处为缝合区域。

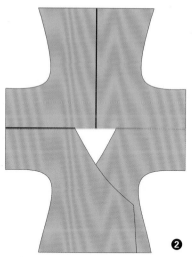

步骤 2

用拷边机对缝合处进行锁边。

步骤 3

① 将衣袖与衣身缝合在一起。

② 图中黑色粗线标注处为缝合区域。

步骤 4

用拷边机对缝合处进行锁边，并用熨斗熨烫平整。

步骤 5

用拷边机对侧缝、底摆、袖边进行锁边。

步骤 6

在领缘贴边布上放置胶衬，熨烫，并将其裁剪整齐。

步骤 7

① 将领缘布反面相对对折，并将领缘布两端裁剪至合适角度。

② 将领缘布正面相对，分别对两端进行缝合。缝合宽度为1cm。

③ 将领缘布翻到正面，并将上下两层缝合在一起进行加固。缝合宽度为1cm。

步骤 8

将领缘布与衣身缝合在一起，缝合完成的效果如图所示。

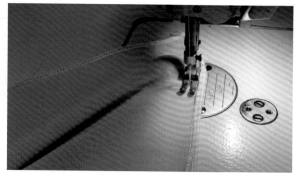

步骤 9

用拷边机对领缘缝合处进行锁边。

步骤 10

对侧缝进行缝合。

步骤 11

① 缝合时，在左侧腋下保留约 2cm 的开口位置。

② 图中黑色虚线表示缝合区域。

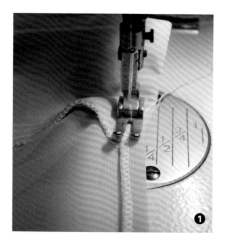

步骤 12

① 将侧襟、底摆、袖口分别朝反面折叠 1cm 并缝合固定。

② 缝合完成的效果。

步骤 13

缝制两条系带，每条系带长度约为40cm。

步骤 14

将系带缝在衣缘处。

步骤 15

对系带进行加固缝合。

步骤 16

① 图中右侧半透效果展示的是系带与预留的开口位置的结合方式。

② 系带缝好的效果。

步骤 17

青蛇窄袖中衣制作完成后铺开的效果。

花妖服装套装

花妖服装概述

    花妖的说法自古有之。传说有些花经过长年生长或某种奇遇，可幻化为人形。花妖作为一种妖或精灵的形象出现在古代文学作品中，常与柳树并提。《辞海》中将花妖解释为花的精怪，多指异于常态的奇花。一些玄幻题材的影视作品中偶尔会有花妖形象出现，很多网络游戏中也有类似花妖的形象。表现花妖的形象时一般会从花的色彩、形态等方面入手，采用以物拟人的方式。玄幻题材可以给我们很大的想象空间，而在设计制作花妖服装的时候，可以在保留古装特点的基础上融入设计师的想法。在表现这类服装的时候，一般多参考魏晋、唐代等时期服装的特点。

    以花为题材的创作空间是很大的，例如表现牡丹，服装可以呈现雍容华贵的感觉；表现兰花，服装可以呈现淡雅清新的感觉。本章介绍的这款花妖服装以彼岸花为主题，彼岸花的别名是"曼珠沙华"。在很多传说中，彼岸花被称为恶魔的温柔。彼岸花学名"红花石蒜"，最具代表性的是红色彼岸花。彼岸花的颜色除红色外，还有白色、黄色等。这些资料给了我们很多设计灵感，凄美的寓意也能引起更多的共鸣。这款服装的面料选择红色高密度仿真丝雪纺，因为它偏影视化、游戏化，所以在细节处理上融入了一些现代的裁剪缝纫方式。服装整体呈现飘逸灵动的美感，这样更加契合主题。

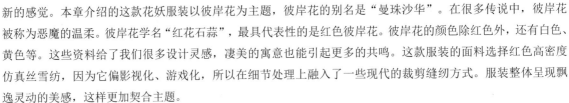

花妖直对襟垂胡袖大衫

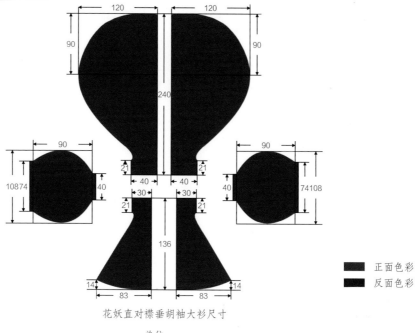

花妖直对襟垂胡袖大衫尺寸

单位：cm

（此款版型尺寸参考身高为165cm。）

面料：30D雪纺

■ 正面色彩
■ 反面色彩

步骤 1

在衣缘布、袖缘布上放置胶衬，熨烫，并将其裁剪整齐。

步骤 2

将衣缘、袖缘的贴边辅料与布料反面相对并缝合在一起。

步骤 3

缝好后熨烫平整。

步骤 4

用剪刀将布料多余的部分裁掉。

步骤 5

用包边器对衣缘、袖缘的四周进行包边。

步骤 6

熨烫平整。

步骤 7

包边及熨烫完成的效果。

步骤 8

① 衣缘、袖缘的制作方式如图所示。裁出符合尺寸的衣缘布、袖缘布。

② 将衣缘、袖缘的贴边辅料与衣缘布、袖缘布反面相对并进行缝合。缝合宽度约为 0.2cm。

③ 用包边器对衣缘、袖缘进行包边。

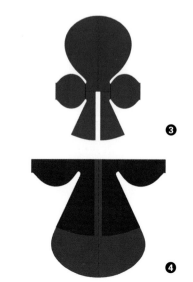

步骤 9

① 对背缝、肩缝、前后衣身进行缝合。

② 缝合衣身的背缝、肩缝，如图所示。

③ 将衣袖与衣身缝合在一起。

④ 从袖口开始向底摆方向对衣身侧缝进行缝合。

步骤 10

对衣襟及缝合处进行锁边。

步骤 11

将衣身熨烫平整。

步骤 12

用包边器对底摆进行包边。

步骤 13

① 将衣缘与衣身缝合在一起。

② 缝合完成的效果。

步骤 14

缝制两条系带。每条系带长度约为 40cm，也可根据需要适当调整长度。

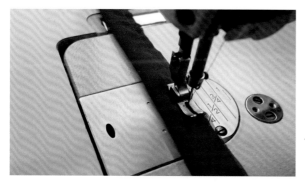

步骤 15

将系带熨烫平整。

步骤 16

① 将系带缝在衣缘处。

② 将系带朝前襟方向折叠后加固缝合。

③ 缝合完成的效果如图所示。

步骤 17

① 对背缝和肩缝进行缝合。

② 图中黑色粗线标注处为缝合区域。

步骤 18

① 缝好后将袖口熨烫平整。

② 熨烫完成的效果如图所示。

至此，花妖直对襟垂胡袖大衫制作

完成。

花妖绑带式连身裙

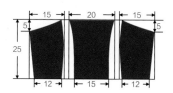

上衣身前身尺寸（同尺寸各裁 2 片）

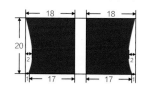

上衣身后身尺寸（同尺寸各裁 2 片）

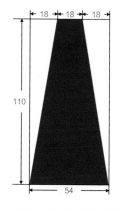

裙片尺寸（同尺寸裁 7 片）

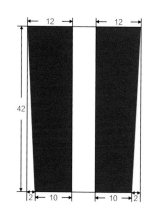

挡片尺寸

单位：cm
（此款版型尺寸参考身高为 165cm。）
面料：30D 雪纺
（注：不同部分尺寸图比例不同。）

■ 正面色彩
■ 反面色彩

步骤 1

对胶衬进行裁剪，使其与上身衣片
大小相同。

步骤 2

在衣片上放置胶衬，熨烫。

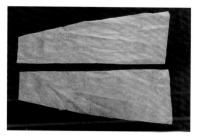

步骤 3

在后身的挡片上放置胶衬，熨烫，
使其更加硬挺。

步骤 4

用剪刀将多余的胶衬剪掉。

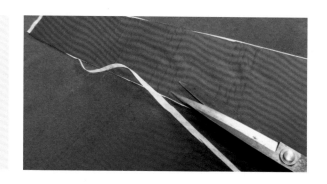

步骤 5

① 将上身衣片缝合在一起。

② 缝合效果如图所示。

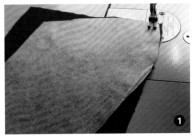

步骤 6

缝好后将衣片熨烫平整。

步骤 7

上身衣片分为内外两层，以同样的方式缝合另外一层。并用剪刀对内外两层衣片进行裁剪，使内外两层衣片大小相同。

步骤 8

① 将内外两层衣片正面相对并进行缝合。

② 缝合效果如图所示，缝合宽度为1cm。

步骤 9

缝好后熨烫平整。

步骤 10

① 将后身两侧向内折叠约 1cm 并熨烫平整。

② 从图中衣身两侧掀起的边角可以看到折叠及熨烫的具体位置。

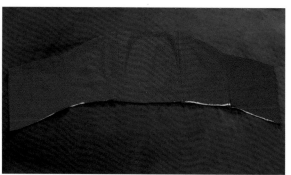

步骤 11

熨烫完成的效果。

步骤 12

上衣身缝制及熨烫完成的整体效果。

步骤 13

① 对裙片的侧缝进行缝合。

② 缝合效果。

步骤 14

对缝合处、裙片后缝及底摆进行锁边。

步骤 15

对裙片腰部进行打褶、缝合。在每片裙片中间位置进行打褶，褶子的大小可以根据需求进行调整。

步骤 16

将裙片缝合处熨烫平整。

步骤 17

将裙片打褶处熨烫平整。

步骤 18

熨烫完成的效果。

步骤 19

① 将后身挡片布正面相对并进行缝合。

② 图中黑色虚线表示缝合区域，缝合宽度为1cm。

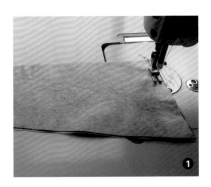

步骤 20

缝好之后翻至正面并熨烫平整。

步骤 21

缝制一条扣带。

步骤 22

将扣带剪成长短一致的多段备用。

步骤 23

保持均等间距在挡片上缝扣带。

步骤 24

① 扣带缝合完成的效果。

② 扣带缝合间距如图所示。

步骤 25

对裙片衬里进行缝合，缝合方式与裙片的缝合方式相同。

步骤 26

① 将裙片与上衣身缝合在一起，再将裙片衬里与上衣身衬里缝合在一起。

② 图中黑色虚线表示缝合位置，缝合宽度为 1cm。

③ 缝合完成的效果。

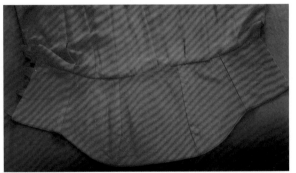

步骤 27

将扣带缝在后缝一侧。

步骤 28

扣带缝合完成的效果。

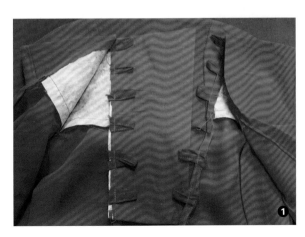

步骤 29

① 将挡片缝在与另一侧扣带的缝合位置相对应的位置，使两侧扣带高低一致。

② 具体缝合位置如图所示。

步骤 30

① 对裙片和裙片衬里的后缝进行缝合。

② 具体缝合效果如图所示。

步骤 31

① 在挡片位置缝明线固定。

② 在另一侧扣带位置缝明线固定。

③ 缝好之后后衣身的效果如图所示，挡片可以被遮挡起来。缝制一条长约 1.5m 的系带穿在扣带中固定即可。这里对系带的制作不做过多介绍，可参考其他章节系带制作。

步骤 32

将底摆折叠约 1cm 后进行缝合。

步骤 33

将裙子熨烫平整。至此，花妖绑带式连衣裙制作完成。

龙女服装套装

龙女服装概述

　　龙女是神话传说中龙王的女眷，一般指龙王的女儿。神话题材的影视作品中经常有龙女形象出现。在大多数影视作品中，龙女都是比较正面的形象。龙女的形象是一种动物拟人化的表现，影视作品中动物拟人化的角色非常多，如美猴王、牛魔王等就是具有代表性的动物拟人化的形象。而龙女通常被设定为美丽的女子形象，可以将角色设计的重点放在服装上。龙女的形象通常身着襦裙、披帛等元素，其服装设计可以融入很多元素。本章介绍的这款龙女服装套装包含褙子衫、襦裙、上襦等。因为不需要考虑形制问题，所以将这些元素组合在一起是没有问题的。在色彩上以蓝色为主调，并搭配白色，冷色调更能体现龙女的高冷形象。褙子衫和襦裙都以珍珠为点缀，珍珠可以增强服装的美感，并有助于体现服装的主题性。

龙女方袖缀珠褙子衫

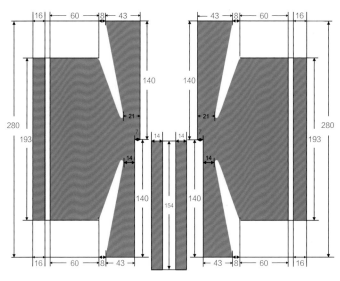

龙女方袖缀珠褙子衫尺寸

单位：cm
（此款版型尺寸参考身高为165cm。）
面料：30D雪纺

■ 正面色彩
■ 反面色彩

步骤1

① 对衣身的后背中缝进行缝合。

② 图中黑色粗线标注处为缝合位置。

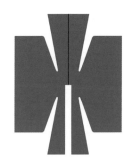

步骤2

用拷边机对缝合处进行锁边。

步骤3

将缝合处熨烫平整。

步骤4

熨烫完成的效果。

步骤 5

① 对衣身的侧缝进行缝合。

② 在侧缝位置自底摆向上留约 50cm 开缝，如图所示。

❶

❷

步骤 6

对开缝处进行加固缝合。

步骤 7

对缝合处进行锁边。

步骤 8

缝好之后将衣身熨烫平整。

步骤 9

对侧缝处进行熨烫，使其更加平整、伏贴。

步骤 10

在领缘、袖缘上放置胶衬，对折后熨烫平整。

步骤 11

将多余的部分剪掉。

步骤 12

① 裁剪完成的效果。

② 领缘、袖缘整体的效果。

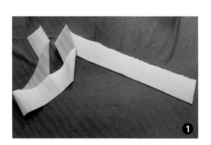

❶

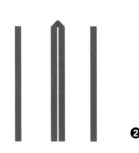

❷

步骤 13

将袖缘正面相对并进行缝合。

步骤 14

将领缘正面相对，分别对领缘两端进行缝合。

步骤 15

将领缘翻至正面的效果。

步骤 16

将左侧底摆从内向外翻出约 1cm 包住衣缘并进行缝合。

步骤 17

缝至衣襟右侧底摆后进行缝合固定。

步骤 18

① 领缘缝合完成后翻至正面的效果。

② 领缘缝合完成的整体效果。

步骤 19

① 将袖缘与袖口缝合在一起。

② 袖缘缝合完成的效果。

步骤 20

缝好之后用拷边机进行锁边。

步骤 21

用熨斗将袖口处熨烫平整。

步骤 22

袖口处内侧的效果。

步骤 23

袖口处外侧的效果。

步骤 24

① 对开缝处、底摆进行锁边及缝合。图中白色线迹标注处为缝合位置。

② 开缝处缝合完成的效果。

步骤 25

用点钻胶在袖缘处粘贴半贴面珍珠。

步骤 26

用点钻胶在领缘处粘贴半贴面珍珠。至此，龙女方袖缀珠褙子衫制作完成。

龙女齐胸襦裙

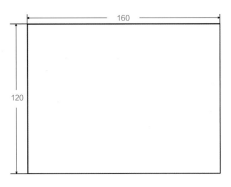

裙片尺寸(同尺寸裁2片)

单位：cm
(此款版型尺寸参考身高为165cm。)
面料：缎面雪纺

裙头尺寸(同尺寸裁2片)

■ 正面色彩
■ 反面色彩

步骤1

缝制4条系带。

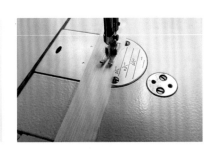

步骤2

① 每条系带长度约为50cm，如图所示。

② 系带缝制完成的效果如图所示。

❶

2

步骤3

在裙头布的反面放置胶衬，熨烫，使其更加硬挺。

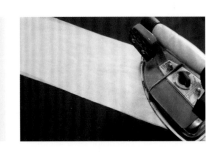

步骤 4

① 将裙头布沿图中白色虚线反面相对对折。

② 对折后将裙头布熨烫平整。

③ 熨烫好后将多余的部分剪掉。

④ 两片裙头布熨烫完成的效果。

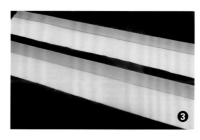

步骤 5

① 将裙头布朝反面折叠后熨烫平整。

② 折叠效果如图所示，折叠宽度约 5cm。

③ 两片裙头布折叠及熨烫完成的效果。

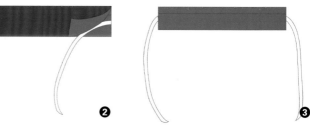

步骤 6

① 将裙头布正面相对，夹住一条系带进行缝合。

② 缝合位置如图所示。

③ 缝合后翻至正面的效果。

④ 系带与裙头布实拍效果。

步骤 7

① 将裙头布朝反面折叠约 1cm 并熨烫平整。

② 折叠及熨烫好之后裙头内侧的效果。

③ 折叠及熨烫好之后裙头的效果。

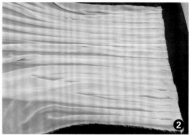

步骤 8

① 对裙片进行打褶、缝合。

② 打褶及缝合完成的效果如图所示。根据裙头的尺寸调整褶子的尺寸，使打褶完成的裙片与裙头宽度一致。

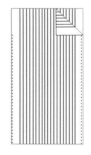

步骤 9

① 将裙片前后片缝合在一起，并在侧缝留出开口位置。

② 开口长度约 20cm，图中黑色虚线标注处为缝合区域，缝合宽度为 1cm。

③ 用拷边机对侧缝缝合处进行锁边。

④ 侧缝开口效果。

步骤 10

① 对裙片的底摆进行锁边。

② 将底摆朝反面折叠后进行缝合。缝合宽度约 1cm。

③ 底摆缝合完成的效果。

步骤 11

① 对侧缝开口处进行包缝。

② 包缝完成的效果。

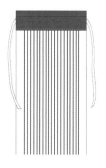

步骤 12

① 将裙片夹在裙头布之间进行缝合。

② 缝好之后熨烫平整。

③ 缝合、熨烫之后裙头处的效果。

④ 裙头与裙片缝合完成的整体效果。

步骤13

① 在裙头折叠处点上钻胶。

② 在点钻胶处粘贴半贴面珍珠。

至此,龙女齐胸襦裙制作完成。

龙女广袖直对襟上襦

龙女广袖直对襟上襦尺寸

单位:cm

(此款版型尺寸参考身高为165cm。)

面料:缎面雪纺

(注:此款上襦制作工艺较为简单清晰,无须标注正反面色彩。)

步骤1

① 对衣身后背缝进行缝合。

② 图中黑色粗线标注处为后中缝缝合区域。

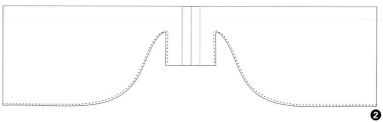

步骤 2

① 将衣身正面相对，缝合侧缝。

② 图中黑色虚线表示缝合区域，缝合宽度为1cm。

步骤 3

对缝合处进行锁边。

步骤 4

用拷边机对底摆进行锁边。

步骤 5

① 在前襟左右两侧缝系带。

② 系带的缝合位置如图所示。

步骤 6

将领缘的一端正面相对并进行缝合，领缘另一端以同样的方式进行缝合。

步骤 7

缝好后翻至正面的效果。

①

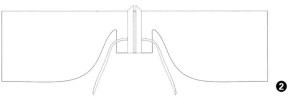

②

步骤 8

① 将底摆从内向外翻出大约 1cm 压在领缘上，将领缘与衣襟缝合在一起。

② 缝合完成的效果。

步骤 9

用拷边机对缝合处进行锁边。

步骤 10

锁边之后翻到正面的效果。

步骤 11

将底摆折叠后进行缝合。缝合宽度为 1cm。

步骤 12

将袖缘两端正面相对并缝合在一起。

步骤 13

缝好的效果。

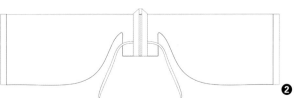

步骤 14

① 将袖缘与袖口缝合在一起。

② 缝好的效果。

步骤 15

用拷边机进行锁边。

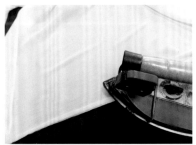

步骤 16

将衣身熨烫平整。

步骤 17

制作完成的效果。